Hussein Murad
Asmaa Ramadan

Produção de goma xantana a partir de substratos não convencionais

Hussein Murad
Asmaa Ramadan

Produção de goma xantana a partir de substratos não convencionais

ScienciaScripts

Imprint

Any brand names and product names mentioned in this book are subject to trademark, brand or patent protection and are trademarks or registered trademarks of their respective holders. The use of brand names, product names, common names, trade names, product descriptions etc. even without a particular marking in this work is in no way to be construed to mean that such names may be regarded as unrestricted in respect of trademark and brand protection legislation and could thus be used by anyone.

Cover image: www.ingimage.com

This book is a translation from the original published under ISBN 978-620-2-07082-9.

Publisher:
Sciencia Scripts
is a trademark of
Dodo Books Indian Ocean Ltd. and OmniScriptum S.R.L publishing group

120 High Road, East Finchley, London, N2 9ED, United Kingdom
Str. Armeneasca 28/1, office 1, Chisinau MD-2012, Republic of Moldova, Europe
Printed at: see last page
ISBN: 978-620-8-25055-3

Conteúdo

CAPÍTULO 1

INTRODUÇÃO

Os polissacáridos naturais são materiais essenciais para funções vitais in *vivo*, como fonte de energia e material estrutural **(Bergen *al.*, 2006)**. Tendo em conta o facto de os polissacáridos serem recursos de carbono naturalmente reciclados e considerados amigos do ambiente devido à sua biodegradabilidade, estima-se que a utilização eficiente dos polissacáridos indicará o caminho para a produção de materiais ambientalmente benignos **(Gilanis *al.*, 2011)**. Além disso, foram considerados muitos polissacáridos como a celulose, o amido, a quitina e os produzidos a partir de plantas, bactérias e algas marinhas **(Schuerch *et al.*, 1986)**. Por exemplo, alguns polissacáridos são utilizados como hidrocolóides como estabilizadores, agentes viscosos e fornecedores de estrutura na indústria alimentar **(Stephen *etal.*, 1995)**.

A goma xantana é um hetero polissacárido extracelular produzido por *Xanthomonas campestris*. Devido ao seu comportamento reológico único, a goma xantana é um dos principais polissacáridos microbianos efetivamente utilizados em muitos processos industriais. O polissacárido é utilizado como agente de suspensão, estabilização, espessamento e emulsificação, para aplicações industriais alimentares e não alimentares **(Sutherland, 1996)**. A xantana não é tóxica e não inibe o crescimento. Não é sensibilizante e não causa irritação na pele ou nos olhos. Nesta base, a xantana foi aprovada pela Food and Drug Administration (FDA) dos Estados Unidos para utilização como aditivo alimentar sem quaisquer limitações específicas em termos de quantidade **(Kennedy e Bradshaw, 1984)**. A estrutura molecular da xantana é frequentemente referida como sendo fortemente afetada pela composição do meio de produção. Para produzir goma xantana, *a X. campestris* necessita de vários nutrientes, incluindo micronutrientes (por exemplo, sais de potássio, ferro e cálcio) e macronutrientes, como o carbono e o azoto. A glucose e a sacarose são as fontes de carbono mais frequentemente utilizadas. A concentração da fonte de carbono afecta o rendimento da xantana **(Souw e Demain, 1980; De Vuystef *al.*, 1987a; Funahashi *et al.*, 1987)**. Concéntrações mais elevadas destes substratos inibem o crescimento. O azoto, um nutriente essencial, pode ser fornecido como um composto orgânico **(Silman e Rogovin, 1970;**

Moraine e Rogovin, 1973; Kennedy *et al.*, 1982; Pinches e Pallent, 1986) ou como uma molécula inorgânica **(Cadmus *et al.*, 1976; Davidson, 1978; Souw e Demain, 1979; Taitou *al.*, 1986; De Vuystef *al.*, 1987a**,b). A relação C/N normalmente utilizada nos meios de produção é inferior à utilizada durante o crescimento **(Moraine e Rogovin, 1971, 1973; Davidson, 1978; Souw e Demain, 1979; De Vuystef *al.*, 1987a,b)**. A maioria dos métodos de produção comercial de goma xantana utiliza glucose ou açúcares invertidos, e a maioria das indústrias prefere processos descontínuos a processos contínuos **(Letisseel *al.*, 2001)**. O desenvolvimento da produção de xantana inclui a determinação dos nutrientes do meio para atingir um elevado rendimento de produção a baixo custo. As culturas iniciais em meios complexos envolveram o crescimento em extrato de couve **(Lilly *et al.*, 1958)** e estudos posteriores de aumento de escala com vista à produção industrial utilizaram lactoserum, licor de soja, hidrolisado de cereais e outros resíduos agrícolas como meios de crescimento **(Cadmus *et al.*, 1971 e 1978 e Colin e Flury, 1971 e Colin e Merle, 1972)**. Foram também testados outros substratos, como arroz hidrolisado, cevada, farinha de com, soro de leite ácido, melaço de cana de açúcar, sumo de coco, cana de açúcar, etc., mas a glucose continua a ser o melhor em termos de rendimento, fornecimento e **qualidade** do produto **(Rosalamef *al.*, 2006, El-Salame^ *al*,** A escolha do substrato depende não só do custo, mas também da utilização final do produto e do teor de azoto **(Roseiroef *al.*, 1992)**. Um dos maiores factores que limitam a utilização da xantana em processos de fermentação em grande escala é o custo de produção, quando comparado com polímeros semelhantes provenientes de algas ou plantas. Algumas tentativas foram feitas para usar substratos mais baratos, como resíduos de citrinos **(Bilanovic *et al.*, 1994)**, soro de leite **(Fu e Tseng, 1990 e Ekateriniadou *et al.*, 1994)** e **(Silva *et al.*, 2009)**, licor de com steep **(Molina *et al.*, 1993)**, melaço e xarope de glucose **(De vuyst 1987; De vuyst e vermeire, 1994; Kalogiannis *et al.*, 2003 e FariaeZ *al.*, 2011)** e águas residuais de azeite **(Lopez e Ramas-Cormenzana, 1996)**.

Verificou-se que a produção e as propriedades da goma xantana são influenciadas pela estirpe bacteriana **(Rodriguez e *Aguilar*, 1997 e Moreiraei *al*,**
2001), meio de cultura **(LetisseeZ *al.*, 2001, Amanullah *et al.*, 1998 e Garcia-OchoaeZ *al.*, 1992)**, temperatura **(Shu e Yang 1990)**, pH **(EsgalhadoeZ *al.*, 1995)**, tempo de fermentação **(CacikeZ *al.*, 2001)** e taxa de agitação **(AmanullaheZ *al.*, 1998 e Peter set a/., 1989)**.

A utilização e a funcionalidade dos estabilizantes nos produtos alimentares não é nova; são utilizados há mais de meio século. No entanto, só nos últimos anos é que foi introduzida uma vasta gama de novos produtos lácteos que dependem, em grande medida, da funcionalidade dos estabilizantes **(Anonymous, 1991)**. Um dos principais objectivos dos fabricantes de lacticínios é produzir produtos lácteos com atributos de qualidade desejáveis (aspeto, textura e sabor) durante um período de conservação suficiente. Para atingir este objetivo, os fabricantes de lacticínios têm utilizado ingredientes como estabilizantes para melhorar a estabilidade cinética das emulsões alimentares **(Dickinson, 1992 e Dickinson, 1988)**. As misturas de goma xantana, carragenina, guar, goma de alfarroba e galactomananos são excelentes estabilizantes para gelados, leite gelado, sorvetes, batidos de leite e gelados de água. Além disso, a xantana engrossa os molhos de queijo cottage, proporcionando um bom controlo da drenagem **(Palaniraj e Jayaraman, 2011)**.

O objetivo do presente trabalho foi:

- Explorar os subprodutos de algumas fábricas de alimentos e produtos lácteos para reduzir a poluição ambiental e como uma alternativa de baixo custo para a produção de goma xantana.
- O uso de bioprocesso de fermentação tecnológica na produção de goma xantana.
- Avaliação das propriedades do produto xantana e sua aplicação em alguns produtos lácteos.

O presente estudo foi realizado para cumprir os seguintes objectivos

- Estudar o efeito de um total de substratos, incluindo melaço, permeado e xarope de glucose, na produção de xantana por *Xanthomonas campestris*.
- Estudar o efeito do sistema tampão no rendimento da goma xantana.
- Estudar o efeito de diferentes aminoácidos, especialmente a metionina, na produção de xantana.
- Utilizar a fermentação tecnológica para a produção de uma grande quantidade de xantana.
- Purificação da goma xantana produzida.
- Determinação do teor de ácido pirúvico como índice de qualidade da xantana.
- Estudar as propriedades químicas e reológicas da goma xantana.

- Estudar o efeito da xantana como agente anti microbiano.

- Aplicar a utilização de goma xantana no queijo Karish para melhorar as suas propriedades.

CAPÍTULO 2

REVISÃO DA LITERATURA

1) Polissacáridos microbianos

Os exopolissacáridos produzidos por uma variedade de microrganismos são quimicamente bem definidos e têm atraído a atenção mundial devido às suas propriedades físicas novas e únicas. Estes exopolissacáridos têm várias aplicações industriais nas indústrias alimentar, farmacêutica e outras como emulsionantes, estabilizadores, aglutinantes, gelificantes, lubrificantes e agentes espessantes. Estes estão a emergir rapidamente como uma nova e industrialmente importante fonte de materiais poliméricos, que estão gradualmente a tornar-se economicamente competitivos **(Margaritas e Pace, 1985).**

Os polissacáridos microbianos desempenham diferentes funções nas microcélulas e distinguem-se em três tipos principais:

1. Polissacáridos intracelulares que proporcionam mecanismos de armazenamento de carbono ou de energia para a célula;

2. Polissacáridos estruturais que são componentes da estrutura celular ou são partes integrantes da parede celular;

3. Polissacáridos extracelulares ou exopolissacáridos que, dependendo do sistema microbiano, (z) formam cápsulas fora da célula, tornando-se assim parte da parede celular ou (zz) formam lamas que se acumulam fora da parede celular e que subsequentemente se difundem na fase líquida durante a fermentação **(Margaritis e Pace, 1985; SurvaseeZ _al.,_ 2007).**

Os microrganismos que produzem uma grande quantidade de limo têm o maior potencial de comercialização, uma vez que estes exopolissacáridos podem ser recuperados do caldo de fermentação. Uma lista desses biopolímeros é apresentada na Tabela 1 **(Margaritis e Pace, 1985).** Um dos exopolissacarídeos mais importantes é a goma xantana.

2) Goma xantana microbiana

Na década de 1950, os cientistas da Northern Utilization Research and Development Division do Departamento de Agricultura dos Estados Unidos (USDA) efectuaram um exame exaustivo da sua coleção de culturas para encontrar produtores de gomas solúveis em água com possível importância comercial. Dos vários polissacáridos de fermentação avaliados, o polissacárido B-1459 (xantana) produzido por *Xanthomonascampestris NRRL B-1459* parecia ter as propriedades mais interessantes, que permitiriam a este polissacárido complementar, em vez de competir com outras gomas solúveis em água naturais e sintéticas conhecidas. A primeira produção industrial de xantana foi efectuada em 1960, e o produto foi disponibilizado comercialmente pela primeira vez em 1964. A aprovação para utilização alimentar foi concedida pela Food and Drug Administration dos EUA em 1969, e a especificação da Organização das Nações Unidas para a Alimentação e a Agricultura/Organização Mundial de Saúde (FAO/OMS) seguiu-se em 1974 **(Sharma etal., 2006).**

Tabela 1. Vários exopolissacáridos de importância industrial **(Margaritis e Pace, 1985)**

Product	Substrate	Microorganism	Yield %*
Alginate	Sucrose	*Azotobactervinelandii NCIB 9068*	5
Curdlan type	Glucose 5 %	*Alcaligenes faecalis var. myxogenes 10C3 IFO 13140*	50
Levan	Sucrose 2 %	*Zymomonas mobilis NCIB 8938*	<2
Levan	Lactose 6 %	*Zymomonas mobilis NCIB 8938*	2.5
Scleroglucan	Glucose 3 %	*Sclerotiumrolfsii ATCC 15206*	1.5-2.2
Pullulan	Sucrose 5 %	*Aureobasidiu mpullulans S-1*	50-60
Phosphomannan	Hydrolyzed whey, sugars 4.4 %	*Hansenula holstii NRRL Y-2448*	20
Xanthan gum	Lactose 6 %	*Xanthomonas campestris NRRL B-1459*	38.3
Galactoglucan	Lactose 6 %	*Zoogloearamigera NRRL B-3669*	55.6
Gellan gum (S-60 polysaccharide)	Carbohydrate	*Pseudomonas elodea ATCC 31461*	5

* Rendimento baseado na conversão do substrato em produto

A goma xantana é um polissacárido de elevado peso molecular produzido por fermentação em cultura pura de um hidrato de carbono com estirpes de *Xanthomonas campestris*. Muitas espécies de *Xanthomonas* podem produzir goma xantana, tais como *X.*

phaseoli, X. malvacearum e *X. carotae*, que foram registadas como produtores eficientes de polissacáridos extracelulares por **Lilly *et al.* (1958)**. Foi registada a formação de polissacáridos extracelulares por *X. oryzae* e por *X. juglandis* **(Kang e Pettitt, 1993)**.

3) <u>Estrutura da goma xantana</u>

A estrutura primária da xantana foi obtida utilizando uma técnica de degradação melhorada e uma análise de metilação refinada **(Melton *et al.*, 1976)**. Foi demonstrado que consiste em unidades pentassacarídicas repetidas, constituídas por duas unidades de ácido D-glucopiranosilurónico, como se mostra na figura 1.

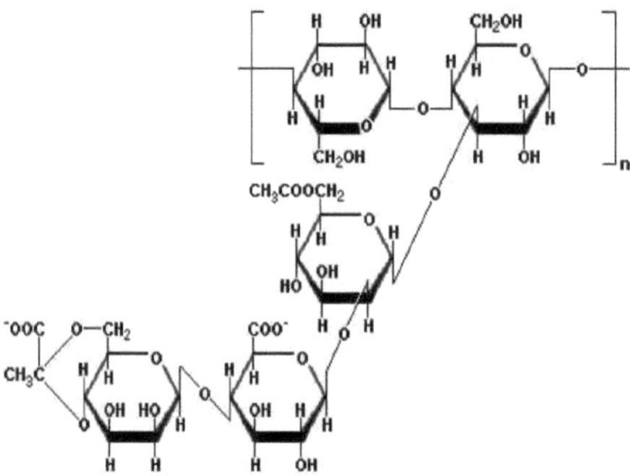

Fig. 1: Estrutura da goma xantana (**Sutherland, 1977**)

A espinha dorsal do polímero, constituída por unidades 0-D glucopiranosil ligadas por (1-▶ 4), é idêntica à da celulose. Para alternar as unidades D-glucosilo na posição 0-3, é ligada uma cadeia lateral trissacárida que contém uma unidade D-glucuronosilo entre duas unidades D-manosilo. A unidade 0-D-manonpiranosil está ligada glicosidicamente à posição 0-4 da unidade 0-D-glucopiranosil do ácido urónico, que por sua vez está ligada glicosidicamente à posição 0-2 de uma unidade a-D-manonpiranosil. Cerca de metade das unidades terminais de D-manosilo contêm uma fração de ácido pirúvico como acetal 4, 6-cíclico. Finalmente, a unidade D-manosil não terminal é substituída estequiometricamente em 0-6 por um grupo acetilo.

A goma xantana caracteriza-se pelo seu elevado peso molecular. O seu peso molecular varia entre 15-50x10^6 Da. No entanto, o peso molecular da molécula nativa pode estar mais próximo de 3-7,5 x 10^6 Da **(Kang e Pettitt, 1993)**. **SuheZ *al.* (1990)** e **Galindo *et al.* (1993)**

estabeleceram que o peso molecular da xantana produzida por *Xanthomonas campestris* está diretamente correlacionado com o fornecimento de O_2 , o que influencia as propriedades reológicas da goma xantana.

4) <u>Síntese de goma xantana</u>

Pensa-se que a síntese da goma xantana é semelhante à síntese de exopolissacáridos por bactérias Gram-negativas **(Harding *et al*, 1995, Rosalam e England, 2006).** A via sintética pode ser dividida em três partes: (i) Captação de açúcares simples e conversão em derivados nucleótidos, (ii) Montagem de subunidades pentassacarídicas ligadas a um transportador de pirofosfato de isopentilo, (iii) Polimerização de unidades repetidas de pentassacarídeos e sua secreção.

A espinha dorsal da xantana é formada por adições sucessivas de D-glicose-1-fosfato e D-glicose a partir de 2 mol de glucose uridinadifosfato (UDP D-glicose). Posteriormente, são adicionados D-manose e ácido D-glucorónico a partir de manose difosfato de guanosina (GDP-manose) e ácido UDP-glucorónico, respetivamente. Os grupos O-acetilo são transferidos da acetil-CoA para o resíduo de manose interno e o piruvato do fosfoenol piruvato é adicionado à manose terminal. Cada uma destas etapas requer substratos específicos e enzimas específicas para ser concluída. Se o substrato ou a enzima estiverem ausentes, a etapa será bloqueada **(Rosalam e England, 2006).**

4.1. Vias bioquímicas envolvidas na biossíntese da xantana

Em X. *campestris,* a via de Entner-Doudoroff em conjunto com a via do ciclo do ácido tricarboxílico é o mecanismo predominante para o catabolismo da glucose **(Flickinger e Draw,1999; Rosalam e England,2006)** (Fig. 2 e 3).

4. 2. Secreção de goma xantana

As fases finais da secreção de exopolissacáridos a partir da membrana citoplasmática envolvem a passagem através do periplasma e da membrana externa, sendo finalmente excretados para o ambiente extracelular. Este mecanismo deve existir em todas as bactérias produtoras de polissacáridos para libertar o polímero do lípido isoprenóide antes do transporte para o seu destino final (Fig. 3). O processo requer uma fonte de energia e pode ser análogo à exportação do lipopolissacárido para a membrana externa, na qual o ATP é o fornecedor de energia **(Flickinger e Draw, 1999; Rosalam e England, 2006).**

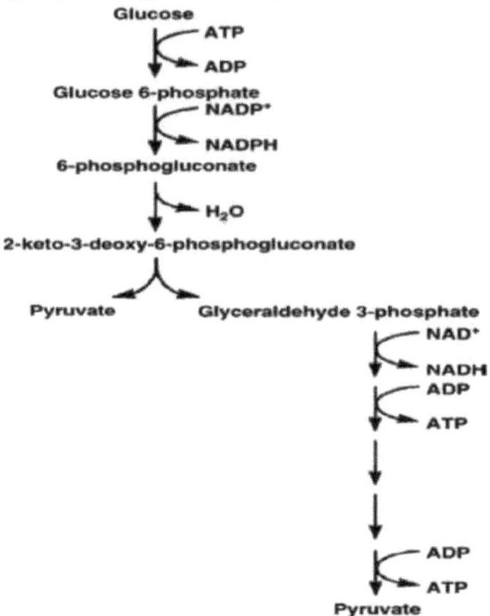

Fig. 2. Via de Entner-Doudoroff da biossíntese da xantana **(Flickinger e Draw, 1999.**

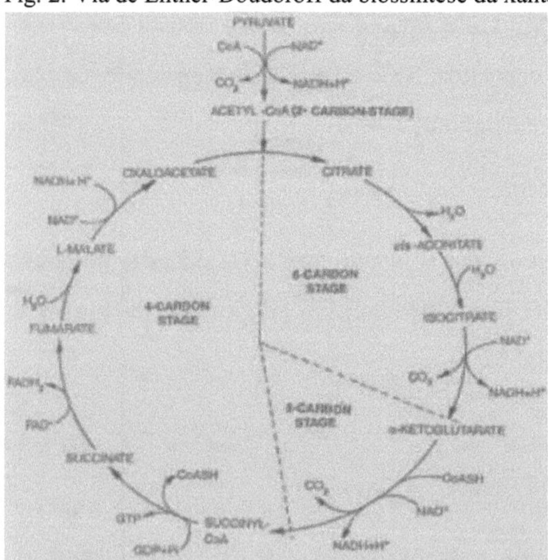

Fig. 3: Ciclo do ácido tricaboxílico **(Flickinger e Draw, 1999)**

5)   Microrganismos produtores de xantana

Xanthomonas é um género de *Proteobacteria,* muitas das quais causam doenças nas plantas. A maioria das variedades de *Xanthomonas* está disponível na National Collection of Plant Pathogenic Bacteria (NCPPB) no Reino Unido e noutras colecções internacionais de culturas **(Boch *e Bonas* 2010).**

5.1. Tipos de *Xanthomonascampestris*

De acordo com **Gerhard e Martin 1992; VauterineZ *al.*, 1995; SchaadeZ *al.*, 2006** , *Xanthomonas campestris* inclui os seguintes tipos (pv. significa patovar, um tipo de classificação baseado na planta hospedeira que é atacada por *Xanthomonas campestris).*

-*Xanthomonas   campestris* pv. armoraciae

-*Xanthomonas   campestris* pv. begoniae A

-*Xanthomonas   campestris* pv. begoniae B

-Xanthomonas   <u>campestris pv. campestris</u>

-*Xanthomonas   campestris* pv. carotae

-*Xanthomona   scampestris* pv. Phaseoli

* *Xanthomonas campestris* pv. corylina

* *Xanthomonas campestris* pv. dieffenbachiae

* *Xanthomonas campestris* pv. hederae

* *Xanthomonas campestris* pv. hyacinthi

* *Xanthomonas campestris* pv. juglandis - o míldio da nogueira

* *Xanthomonas campestris* pv. malvacearum

* *XanthomonascampestrispN.* musacearum

* *Xanthomonas campestris* pv. nigromaculans

* *Xanthomonas campestris* pv. pelargonii

5.2. Caraterísticas *das Xanthomonas*

As células *de Xanthomonas* apresentam-se como bastonetes simples e rectos, com 0,4-0,7 pm de largura e 0,7-1,8 pm de comprimento (Fig.4). As células são móveis, Gram-negativas, e têm um único flagelo polar (1,7-3 pm de comprimento) (Fig. 4). O microrganismo é quimiorganotrófico e um aeróbio obrigatório com um tipo de metabolismo estritamente respiratório que requer oxigénio como acetor terminal de electrões. A bactéria não pode desnitrificar e é catalase positiva e oxidase negativa. As colónias são geralmente amarelas, lisas e viscosas **(Bradbury, 1984).** *As Xanthomonas sp.* são capazes de oxidar a glucose e a via de Entner-Doudoroff é predominantemente utilizada para o catabolismo da glucose (a via das pentoses fosfato também ocorre, mas utiliza apenas 8-16% da glucose total consumida); estão presentes os ciclos do ácido tricarboxílico e do glioxilato.

Os pigmentos amarelos estão presentes em todas as espécies de *Xanthomonas,* mas podem estar ausentes, especialmente quando ocorre a degradação da estirpe. A coloração com tinta da China mostra que muitos isolados de *Xanthomonas sp.* têm cápsulas com os polissacáridos capsulares frequentemente associados às células de forma bastante frouxa. O polissacárido capsular é a goma xantana. *X. campestris* é o microrganismo mais comummente utilizado para a produção industrial de xantana.

As células são cultivadas em placas e slants de meios sólidos complexos (por exemplo, ágar malte de levedura) durante 18-20 h a 25°C **(Cadmus *et al.*, 1976).** Os slants e as placas são então mantidos a 4°C. A cultura deve ser transferida para um meio fresco de 14 em 14 dias para evitar a degradação da estirpe **(Silman e Rogovin, 1970; Cadmus *et al.*, 1976; De Vuystet *al.*, 1987a&b).** Para verificar a viabilidade da cultura, a lâmina de ágar YM é incubada a 25°C durante 3 dias; as células vigorosas produzem colónias amarelas brilhantes e redondas de 4-5 mm de diâmetro.

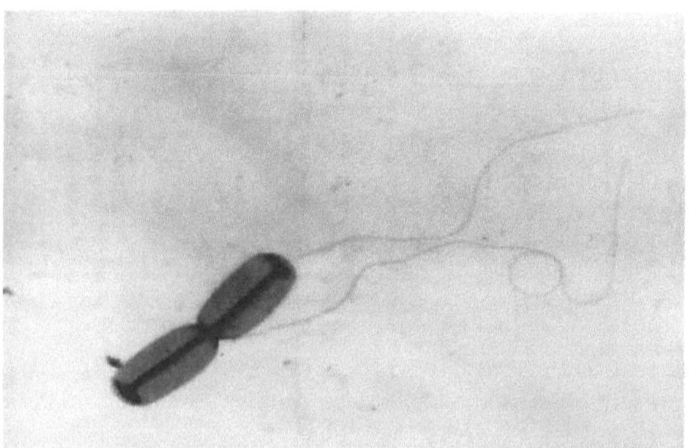

Fig. 4: Micrografia eletrónica de transmissão de *X. campestris* **(Garcia-Ochoa *et al.*, 2000).**

6)   <u>Propriedades da goma xantana</u>

A goma xantana é altamente solúvel tanto em água fria como quente, e este comportamento está relacionado com a natureza polielectrólito da molécula de xantana. As soluções de xantana são altamente viscosas mesmo em baixas concentrações de polímero. Estas propriedades são úteis em muitas aplicações industriais, especialmente na indústria alimentar, onde a xantana é utilizada como espessante e para estabilizar suspensões e emulsões. A capacidade de espessamento das soluções de xantana está relacionada com a viscosidade; uma viscosidade elevada resiste ao fluxo. As soluções de xantana são pseudoplásticas, ou de diluição por cisalhamento, e a viscosidade diminui com o aumento da taxa de cisalhamento. A viscosidade também depende da temperatura (tanto da temperatura de dissolução como da temperatura de medição), da concentração do biopolímero, da concentração de sais e do PH **(Garcia-Ochoa *et al.*, 2000)**.

As propriedades reológicas da solução de xantana variam com a natureza do polímero, ou seja, dependem do peso molecular médio e do teor de acetato **(Tako e Nakamura, 1984)** e piruvato **(Kang e Pettit, 1993; Peters *etal.*, 1993)**. Além disso, a estrutura molecular da xantana afecta a viscosidade da solução da mistura xantana/galactomananos. Estas misturas apresentam um comportamento sinérgico, aumentando a viscosidade e formando géis **(Casas e GarcTa-Ochoa, 1999)**. Foi observada uma interação mais forte entre o galactomanano e as gomas xantanas em misturas contendo xantanas desacetiladas ou nativas do que naquelas contendo xantanas despiruvadas **(Tako, 1991)**. A goma xantana com um elevado grau de acetilação e, sobretudo, de piruvação, aumenta a viscosidade das suas soluções aquosas porque as associações intermoleculares são favorecidas **(Tako e Nakamura, 1984)**. No entanto, a xantana sem piruvato é mais adequada para a preparação de soluções de controlo da mobilidade utilizadas nos processos de recuperação de petróleo **(Kang e Pettit, 1993)**.

Tabela (2): Propriedades físicas típicas da goma xantana comercial **(Garcia-Ochoa *et al.*, 2000).**

Property	Value
Physical state	Dry, cream-colored powder
Moisture (%)	8-15
Ash (%)	7-12
Nitrogen (%)	0.3-1
Acetate content (%)	1.9-6.0
Pyruvate content (%)	1.0-5.7
Monovalent salts (g l^{-1})	3.6-14.3
Divalent salts (g l^{-1})	0.085-0.17
Viscosity (cP)	13-35

7) Produção de goma xantana

Em primeiro lugar, a estirpe microbiana selecionada é preservada para possível armazenamento a longo prazo através de métodos comprovados para manter as propriedades desejadas. Uma pequena quantidade da cultura conservada é expandida por crescimento em superfícies sólidas ou em meios líquidos para obter os inóculos para grandes bioreactores. O crescimento do microrganismo e a produção de xantana são influenciados por factores como o tipo de biorreactor utilizado, o modo de funcionamento (descontínuo ou contínuo), a composição do meio e as condições de cultura como a temperatura, o pH e a concentração de oxigénio dissolvido **(Papagianniel al., 2001; Nasr et al., 2007; Rosalame^ al., 2008; Borges et al., 2008).** No final da fermentação, o caldo contém xantana, células bacterianas e muitos outros produtos químicos. Para recuperar a xantana, as células são normalmente removidas primeiro, por filtração ou centrifugação. A purificação posterior pode incluir a precipitação com solventes miscíveis com água (isopropanol, etanol e acetona), a adição de determinados sais e o ajustamento do pH **(Flores-Candia e Deckwer, 1999).** Após a precipitação, o produto é desidratado mecanicamente e seco. O produto seco é moído e embalado em recipientes com baixa permeabilidade à água.

A produção de xantana à escala industrial é efectuada utilizando substratos e nutrientes pouco dispendiosos. Fontes de hidratos de carbono como a sacarose, o melaço de cana-de-açúcar e o soro de leite **(Silva et al., 2009)** têm sido utilizadas com sucesso no meio de produção **(Palaniraj e Jayaraman, 2011).**

A manutenção adequada da cultura de *X. campestris* é importante para a consistência na produção de xantana, uma vez que a variação é uma caraterística reconhecida nas espécies de *Xanthomonas*. Durante a fase inicial de crescimento, a acumulação de polissacáridos começa e continua após o crescimento. O pH diminui durante a fermentação devido à formação de ácidos orgânicos. Se o pH descer abaixo de 5,0, a formação de xantana reduz-se drasticamente. Assim, é necessário controlar o meio de fermentação a um pH ótimo de **7,0 (Psomasei al., 2007; Kerdsup et al., 2011; Silva et al., 2009; Gumus et al., 2010)** utilizando um tampão ou adição de base durante o processo. É necessária uma agitação adequadamente projectada para dispersar uniformemente o ar introduzido no meio. A agitação do meio é útil para aumentar a taxa de transporte de nutrientes através da membrana celular, o que, por sua vez, apoia a taxa de crescimento do microrganismo.

8) **Produção de goma xantana utilizando um fermentador de grande escala**

8.1. *Lote contra processo contínuo*

Embora a cultura em lote seja comercialmente preferida, por ter menos parâmetros a controlar e ser bem compreendida, um problema de funcionamento da cultura em lote é que o ambiente para o crescimento celular está sempre a mudar ao longo do "ciclo de crescimento" e pode dar origem a condições adversas, como produtos tóxicos ou pH extremo e esgotamento de nutrientes. Enquanto na cultura contínua, o meio de crescimento é continuamente fornecido ao recipiente de cultura, não se verificam condições extremas, uma vez que o meio é continuamente diluído e removido do recipiente. **Becker *et al.* (1998)** também salientaram que o processo contínuo apresenta taxas de conversão razoavelmente elevadas de substrato em polímero de 60-70%, mas também mencionam problemas de manutenção da esterilidade e os riscos de aparecimento de mutantes de crescimento rápido que não produzem o produto desejado, a goma xantana. No entanto, o processo contínuo proporciona um sistema competitivo em termos de custos e, com condições de crescimento adequadas, podem ser mantidos rendimentos consideráveis de polissacáridos durante mais de 2000 h (**Evans *et al.*, 1967),** pelo que o processo contínuo poderia ser a escolha em vez do modo descontínuo. Embora os métodos convencionais possam ser melhorados através da fermentação contínua, continua a existir o problema clássico de o produto conter células e detritos celulares, o que reduz a filtrabilidade da solução de xantana e limita a sua aplicação. Por conseguinte, é desejável a produção de goma xantana sem células. Em 1966, a Esso Production Research Company descobriu que as reacções de fermentação em película contínua podem ser facilmente realizadas depositando continuamente um substrato adequado na superfície de um tambor rotativo, de uma correia móvel ou de um dispositivo semelhante e aplicando uma cultura contendo microrganismos selecionados à película, removendo depois continuamente o produto de fermentação após ter decorrido um tempo de residência suficiente. Os testes demonstraram que este processo possibilita a utilização do substrato em concentrações mais elevadas, permite uma utilização surpreendentemente eficaz do substrato, reduz o tempo necessário para a realização da reação de fermentação, minimiza a variação da qualidade do produto e simplifica a recuperação dos produtos de fermentação **(Leela e Sharma, 2000 e Rosalam e England, 2006).**

8. 2. Condições óptimas para a produção em grande escala de goma xantana

Um processo típico de produção de xantana começa com inóculos de *X. campetrist que* são preparados num meio de fermentação adequado, num processamento convencional por lotes, utilizando recipientes agitados mecanicamente. A cultura aerada que sofre o processo aeróbio é mantida em condições de funcionamento de temperatura de aproximadamente 28-30 °C, pH7, a taxa de aeração deve ser superior a 0,3 (v/v) e a potência específica de entrada para agitação superior a 1 kWm^{l3} . O processo de fermentação é efectuado durante cerca de 100 h e converte aproximadamente 50% da glucose no produto. A preparação do inóculo inclui várias fases que requerem um conjunto de reactores que vão de 10 1 para a semente inicial até 100 1 na fase de produção, em que o volume é normalmente aumentado em 10 vezes **(Rosalam e England, 2006; Palaniraj e Jayaraman, 2011).** À medida que a fermentação evolui, as células crescem exponencialmente, resultando num consumo rápido da fonte de azoto. Após a fase de fermentação, seguir-se-iam processos a jusante com várias etapas. A Fig. (5) mostra um exemplo do processo de produção de goma xantana utilizado pela indústria, que inclui várias etapas de processos a jusante **(Rosalam e England, 2006).**

8) 3. Recuperação da goma xantana

Este processo utiliza normalmente uma grande quantidade de álcool para precipitar a goma xantana, e a goma xantana precipitada é depois pulverizada a seco ou pode ser ressuspendida na água e depois reprecipitada. Quando é necessária goma xantana sem células, a centrifugação das células é facilitada pela diluição do caldo de fermentação para melhorar a separação das células. O processo de separação das células por diluição a partir de uma solução de xantana altamente viscosa é um processo dispendioso **(Balows e Truper, 1991).** Um método preferido é a adição de álcool e a adição de sal para melhorar a precipitação através da criação de cargas de efeito inverso. A goma xantana obtida na forma sólida húmida seria submetida a desidratação e lavagem para obter a pureza final necessária.

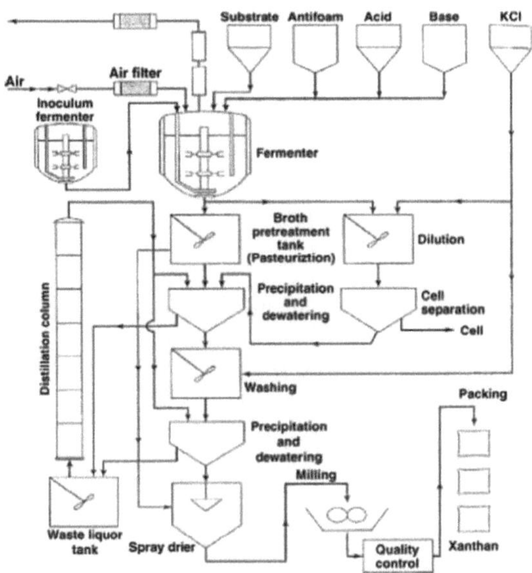

Fig(5). Fluxograma da produção de xantana num fermentador de tanque agitado convencional **(Rosalam e Enland, 2006).**

9) Desenvolvimento da produção de goma xantana

O desenvolvimento da produção de xantana inclui a determinação dos nutrientes do meio, a fim de alcançar um elevado rendimento de produção a baixo custo. As culturas iniciais são meios complexos que envolvem o crescimento em extrato de couve (Lilly *et aZ.,*1958A escolha do substrato depende não só do custo, mas também da utilização final do produto e do teor de azoto **(Roseiro *et al., 1992).***

O desenvolvimento e a melhoria têm sido estudados para a produção de goma xantana. Nos últimos anos, os processos de membrana têm sido cada vez mais utilizados para a concentração de caldo de alta viscosidade **(Lo *et al.,* 1996,1997a; Torrestiana-Sanchez *et al.,* 2007; Rosalamel *al.,* 2008).** A ultrafiltração também foi relatada como sendo capaz de economizar até 80% da energia necessária para a recuperação da goma xantana do meio de fermentação **(Lo *et al.,* 1997a). Torrestiana-Sanchez *et al.*** (2007) também relataram que a precipitação assistida por membrana reduziu a quantidade de solutos precipitantes utilizados, aumentando consideravelmente o fluxo da membrana, resultando em uma grande melhoria na produtividade da separação.

Como a goma xantana sem células eliminou a incrustação da membrana, **Yang *et al.***

(1996) desenvolveram um novo reator centrífugo de leito empacotado (CPBR) utilizado para a produção de goma xantana viscosa. **RosalameZ al. (2008)** também produziram goma xantana sem células utilizando uma membrana de biorreactor de leito fibroso reciclado contínuo (CRPFBBM). As células *de X. campestris* foram imobilizadas numa matriz fibrosa rotativa por fixação natural às superfícies das fibras. O bombeamento e a circulação contínuos do caldo médio através da matriz fibrosa rotativa assegurariam uma boa transferência do gás e do líquido com as células. **Yang *et al.* (1998) e RosalameZ al. (2008)** desenvolveram um bom dispositivo para a adsorção de células utilizadas como suporte da matriz. Tentaram utilizar diferentes materiais tecidos: toalha de algodão, tecido de algodão e 50% de algodão e 50% de poliéster. Os autores referiram que o algodão com superfícies rugosas é o material preferido. **Rosalam *et al.* (2008) observou** que a pureza da goma xantana do CRPFBBM foi superior a 98%. **Brandão *et al.* (2014)** estudaram a biossíntese de goma xantana a partir de glicerina residual da produção de biodiesel para fluidos de perfuração. Afirmaram que a glicerina suportava a produção de xantana com um rendimento de 7,23 g 1 Por conseguinte, concluíram que a glicerina bruta tem potencial para ser uma fonte alternativa de carbono rentável e promissora para a produção de xantana de qualidade não alimentar. As propriedades reológicas da xantana produzida revelaram uma utilização alternativa promissora como fluido de perfuração para melhorar a recuperação de petróleo **(Silva *et al.*, 2009; Hamed e Belhadri, 2009)** devido a valores satisfatórios do índice de consistência (K) e da taxa de fluxo (n).

10) <u>Factores que afectam a produção de goma xantana</u>

10.1. *Efeito das fontes de carbono*

Para crescerem e se reproduzirem, as células têm de ingerir os nutrientes necessários para fabricar membranas, proteínas, paredes celulares, cromossomas e outros componentes. O facto de diferentes células utilizarem diferentes fontes de carbono e de energia mostra claramente que nem todas as células possuem a mesma maquinaria química interna. As diferentes fases de crescimento e a alteração do meio de crescimento, por exemplo, através da utilização de diferentes substratos e nutrientes limitantes, não influenciam a estrutura primária da espinha dorsal, mas afectam a estrutura das cadeias laterais, a massa molecular e o rendimento, pelo que a goma xantana produzida a partir de um processo de cultura em descontínuo representaria uma mistura produzida em diferentes fases de crescimento e poderia variar com diferentes condições de cultura **(Davidson, 1978)**. A glucose e a sacarose são as fontes de carbono mais frequentemente utilizadas. Uma vez que culturas diferentes requerem meios de cultura diferentes e condições óptimas, foram comunicados muitos estudos sobre os nutrientes necessários para efeitos de variação e otimização da cadeia lateral do produto na biossíntese da goma xantana **(Davidson, 1978; Souw e Demain, 1979; Garcia-Ochoa *et al.*, 1992; Letisseil *al.*, 2001)**. A concentração da fonte de carbono afecta o rendimento da xantana; é preferível uma concentração de 2^4% **(Souw e Demain, 1980; De Vuystef *al.*, 1987a; Funahashi *et al.*, 1987)**. Concentrações mais elevadas destes substratos inibem o crescimento. **Souw e Demain (1979) relataram** que a sacarose é o melhor substrato para a produção de goma xantana. Verificaram que o succinato e o 2-oxoglutarato têm efeitos estimulantes na produção de goma xantana num meio à base de sacarose.

De acordo com **De Vuystef *al.* (1987b)**, um valor relativamente elevado da relação C/N favorece a produção de xantana. Devido ao baixo nível de 0-galactosidase presente na *X. campestris*, a bactéria não pode utilizar a lactose como uma fonte de carbono eficiente. Consequentemente, a bactéria cresce mal e produz pouca xantana num meio que contém lactose como única fonte de carbono **(Frank e somkuti, 1979). Leela e Sharma (2000)** estudaram vários tipos de açúcares utilizados como fontes de carbono durante a fermentação do tipo selvagem de *Xanthomonas campestris GK6*. A produção de goma xantana obtida foi dada pela ordem decrescente de glucose, sacarose, maltose e amido solúvel. **LetisseeZ *al.* (2001)** efectuaram a fermentação utilizando *X. camprestris ATCC 13951* e sacarose como fonte de carbono para a produção de xantana. **Saied *et al.* (2002)** referiram que a sacarose deu o rendimento mais elevado (peso seco) 11,99 g I^{l1} , e a glucose foi o segundo 10,8 g I^l . **Zhang e Chen (2010)** derivaram goma xantana a partir de meios de mistura de xilose/glucose e referiram que a glucose era a fonte de carbono preferida para produzir xantana, enquanto a xilose também foi utilizada com uma taxa de consumo muito baixa. Os amidos parcialmente hidrolisados que foram utilizados na produção de goma xantana provêm de arroz hidrolisado, cevada e farinha de com **(Glicksman, 1975)**. Soro de leite ácido **(Charles e Radjai, 1977)**, soro de queijo **(Silva *et al.*, 2009)**, melaço de cana de açúcar **(AbdEl-Salam *et al.*, 1994; Kalogiannis *et al.*, 2003)**, uma mistura de manose e glucose **(Jean-Claude *et al*, 1997)**, resíduos de polpa de beterraba sacarina **(Yoo e Harcum, 1999)**, milho **(AchayuthakaneZ al., 2006)**, amido de mandioca **(Kerdsupel al.,** 2011)e polpa de pêssego **(PapieJ al., 1999)** também utilizados na produção de goma xantana. Os rendimentos e as qualidades da goma xantana têm sido considerados competitivos, no entanto, a glucose continua a ser a melhor em termos de rendimento do produto **(Lo *et al.*, 1997b; RosalameZ al., 2008),** constância do fornecimento e qualidade do produto **(Davidson, 1978).**

10. 2. Efeito das fontes de azoto

O azoto, um nutriente essencial, pode ser fornecido como um composto orgânico **(Moraine e Rogovin, 1973; Slodki e Cadmus, 1978; Pinches e Pallent, 1986)** ou como uma molécula inorgânica **(Davidson, 1978; Souw e Demain, 1979; Tait *et al.*, 1986; De Vuyst *et al.*, 1987a&b).** A relação C/N geralmente utilizada nos meios de produção é inferior à utilizada durante o crescimento **(Moraine e Rogovin, 1971, 1973; Davidson, 1978; Souw e Demain, 1979; De Vuyst *et al.*, 1987a&b; Rosalam & England, 2006).**

O amónio é um melhor substrato para a acumulação de biomassa, enquanto os rendimentos da goma xantana são mais elevados quando se utiliza nitrato como fonte de azoto **(Letisse et al., 2001).**

Saied *et al.* (2002) recomendaram o nitrato de amónio inorgânico (11,19 g 1' ') como fonte económica de azoto no meio de fermentação para a produção de xantana.

A quantidade atingível de goma xantana e a sua taxa de produção no fermentador descontínuo também parecem ser afectadas pela quantidade de fonte de azoto disponível no início da fase estacionária **(Pinches e Pallent, 1986).**

10. 3. Efeito da temperatura

A influência da temperatura na produção de goma xantana tem sido amplamente estudada. As temperaturas empregadas para a produção de goma xantana variam de 25 a 34 °C, mas o cultivo a 28 e 30 °C é bastante comum. Muitos autores **(PsomaseZ al., 2007; Borges *et al.*, 2008; Silva *et al.*, 2009; Kerdsupel al., 2011; Gumusel al., 2010)** mostraram que 28 °C era a temperatura óptima de produção de goma xantana.

Cadmus *et al.* (1978) concluíram que uma temperatura de cultura mais elevada aumenta a produção de xantana, mas reduz o seu teor de piruvato. **Thonartef al. (1985)** indicaram uma temperatura óptima de 33 °C para o processo, propondo uma temperatura de

25 °C para o crescimento e de 30 °C para a produção. Além disso, **Shu e Yang** (1990) afirmaram que a temperatura óptima para a produção de xantana dependia do meio de produção utilizado.

Garcia-Ochoa *et al.* **(1992)** demonstraram que a temperatura óptima para o meio de produção era de **28°C. Esgalhadoel** *al.* **(1995)** referiram que a temperatura óptima para o crescimento de *X. campestris* era de 25-27°C e a temperatura óptima para a produção de goma xantana era de 25-30°C. A xantana apresenta uma transição conformacional consoante a temperatura **(Morris** *et al.***, 1977; Milas e Rinaudo, 1979). Psomasei** *al.* **(2007)** observaram que o maior rendimento da produção de goma xantana pode ser obtido com a diminuição da temperatura de 30 para 25°C.

10. 4. Efeito do pH

Esgalhadoel *al.* **(1995)** mostraram que o pH ótimo para o crescimento da cultura era de 6 a 7,5 e o pH ótimo para a produção de xantana era de 7 a 8. **Garcia-Ochoa** *et al.* **(1996)** sugeriram que as *Xanthomonas* podem ser cultivadas a um pH neutro. A maioria dos autores **(Psomasel** *al.***, 2007; Kerdsupef** *al.***, 2011; Silva** *et al.***, 2009; Gumuse/** *al.***, 2010)** concordou que o pH neutro é o valor ótimo para o crescimento de *X. campestris*. Durante a produção de xantana, o pH diminui de pH neutro para valores próximos de 5 devido aos grupos ácidos presentes na xantana **(Borges** *et al.***, 2008).**

10. 5. Efeito da taxa de transferência de massa

Têm sido utilizados vários tipos de biorreactores para produzir goma xantana, mas o tanque agitado com aspersão é o mais frequentemente utilizado. Nos reactores agitados, a taxa de transferência de massa de oxigénio é influenciada pelo caudal de ar e pela velocidade do agitador. Quando são utilizados tanques agitados, o caudal de ar é geralmente mantido a um valor constante, normalmente 1 L/L min. Em contrapartida, a velocidade de agitação utilizada varia numa vasta gama. A baixas velocidades de agitação, a limitação de oxigénio resultou em taxas de produção específicas de xantana mais baixas. A taxa específica de produção de xantana está diretamente relacionada com as taxas específicas de absorção de oxigénio **(SuheZ** *al.***, 1990, 1992; Amanullah** *et al.***, 1998).** A agitação tem uma influência mais positiva na produção de xantana do que o tempo de fermentação. Foi também obtida uma maior produção a 1000 rpm a 50 h de fermentação **(Amanullahei** *al.***, 1998).** A agitação tem um efeito positivo na produção de xantana, que também aumenta com o tempo de cultivo **(Peters *etal.*, 1989).**

Cacikel *al.* (2001) observaram a produção máxima de xantana a 600 rpm, 35 °C e 72 h. **Papagianni *et al.* (2001)** estudaram a cinética do crescimento e a produção de xantana por *X. campestris* ATCC 1395 em cultura descontínua num fermentador de laboratório sem controlo do pH. As fermentações foram efectuadas numa gama de velocidades do agitador (100-600 rpm) e o teor de piruvato, bem como o peso molecular do produto, foram estimados. O aumento dos níveis de agitação resultou em taxas de produção e níveis de biomassa mais elevados, enquanto a formação do produto nesta fermentação parecia estar parcialmente associada ao crescimento. A estrutura química da xantana foi influenciada pela agitação, uma vez que o teor de piruvato aumentou com o aumento da velocidade do agitador. Os autores acrescentaram que não foi observado qualquer efeito significativo no peso molecular da xantana à medida que a velocidade do agitador aumentava de 100 para 600 rpm.

11) <u>Utilização de resíduos agro-industriais como substrato para a produção de goma xantana.</u>

Os resíduos são definidos como qualquer material que ainda não tenha sido totalmente utilizado, ou seja, os restos da produção e do consumo. No entanto, os resíduos são um resultado dispendioso e por vezes inevitável da atividade humana. Inclui materiais vegetais, resíduos e detritos agrícolas, industriais e municipais. Os resíduos também se referem a descargas líquidas ou sólidas de residências, estabelecimentos comerciais, indústrias de pequena escala e instituições. Em geral, os resíduos podem ser caracterizados com base no seu volume ou conteúdo orgânico, caraterísticas físicas e contaminantes específicos **(OkonkoeZaZ., 2009).**

De acordo **com OkonkoeZ *al.* (2006),** cada resíduo contém a sua qualidade e caraterísticas únicas, o que sugere o tipo de tratamento necessário. As duas divisões de resíduos - efluentes domésticos e industriais - têm composições diferentes e requerem frequentemente vários processos de tratamento. No entanto, o tratamento de resíduos é geralmente classificado em quatro níveis: tratamento primário, secundário, terciário e quaternário, sendo que cada nível de tratamento tem por objetivo remover uma classe mais específica de contaminantes **(McLaughlin, 1992; AririatueZaZ., 1999; OkonkoeZ *al.*,**

2006).

Os resíduos agro-industriais contêm três constituintes principais, celulose, hemicelulose e lenhina, e podem conter outros compostos (por exemplo, extractivos). A celulose e a hemicelulose são hidratos de carbono que podem ser decompostos por enzimas, ácidos ou outros compostos em açúcares simples e depois fermentados para produzir etanol, eletricidade renovável, combustíveis e produtos à base de biomassa **(Puri, 1984; Wyman e Goodman, 1993; van Wyk, 2001).** Os materiais de origem orgânica são conhecidos como biomassa (um termo que descreve os materiais energéticos que emanam de fontes biológicas) e são de grande importância para o desenvolvimento sustentável porque são renováveis, ao contrário dos materiais não orgânicos e dos hidratos de carbono fósseis **(van Wyk, 2001).**

Um dos maiores factores que limitam a utilização da xantana em processos de fermentação em grande escala é o custo de produção, quando comparado com polímeros semelhantes provenientes de algas ou plantas. Foram feitas algumas tentativas para utilizar substratos mais baratos, tais como resíduos de citrinos **(BilanoviceZ *al.*, 1994)**, soro de leite **(EkateriniadoueZ *al.*, 1994; Fu e Tseng, 1990 e Silva *et al.*, 2009)**, licor de com **(Molina *et al*, 1993)**, melaço e xarope de glucose **(De vuyst 1987a; De vuystand vermeire, 1994; Kalogiannis *et al.*, 2003 eFariaeZ *al.*, 2011)** e águas residuais de azeite **(Lopez e Ramas-Cormenzana, 1996).**

11.1. Melaço

O melaço é um co-produto da produção de açúcar, tanto da beterraba sacarina como da cana-de-açúcar, e é definido como o xarope de escoamento da fase final de cristalização, a partir do qual a cristalização posterior do açúcar não é económica **(Higginbotham e McCarthy, 1998).** Apesar das suas semelhanças, os melaços de beterraba e de cana apresentam diferenças significativas no que diz respeito aos compostos azotados, aos açúcares fermentáveis, às cinzas e ao teor em vitaminas **(Stoppock e Buccholz, 1996).** O melaço de beterraba sacarina é, portanto, uma solução de açúcar e de matérias orgânicas e inorgânicas em água, com um teor de matéria seca de 74-77% (p/p). Os açúcares totais (principalmente a sacarose) constituem aproximadamente 47-48% (p/p) do melaço, as cinzas 9-14% (p/p) e os compostos contendo azoto total (principalmente betaína e ácido glutâmico) 8-12% (p/p). O melaço de beterraba sacarina é amplamente utilizado como substrato em fermentações, uma vez que constitui uma fonte valiosa de substâncias de crescimento, como o ácido pantoténico, o inositol e os oligoelementos e, em menor grau, a biotina **(Stoppock e Buccholz, 1996).**

Kalogiannis *et al.* **(2003)** estudaram a produção de goma xantana por *Xanthomonas campestris ATCC 1395* utilizando melaço de beterraba sacarina como fonte de carbono. O pré-tratamento do melaço de beterraba sacarina e a suplementação do meio foram investigados com o objetivo de melhorar a produção de goma xantana. A adição de K HPO$_{24}$ ao meio teve um efeito positivo significativo tanto na produção de goma xantana como de biomassa. O meio foi subsequentemente optimizado no que diz respeito ao melaço, à concentração de K HPO$_{24}$ e ao pH inicial. A produção máxima de goma xantana (53 g/1) foi observada após 24 h a 175 g/1 de melaço, 4 g/1 de K HPO$_{24}$ e a um pH inicial neutro. Os resultados indicam que o K HPO$_{24}$ serve como agente tampão e também como nutriente para o crescimento de *X. campestris.* O melaço de beterraba sacarina parece ser um substrato industrial adequado para fermentações de goma xantana.

Moosavi-Nasab *et* **"Z.(2010)** estudaram o efeito do tempo de fermentação na produção de goma xantana a partir de melaço de beterraba sacarina. O objetivo deste estudo foi selecionar o tempo de fermentação ótimo para a produção de goma xantana por *Xanthomonas campestris(NRRL-B-]A59)* utilizando 10% de melaço de beterraba sacarina como fonte de carbono. O pré-aquecimento do melaço de beterraba sacarina e a suplementação do meio foram investigados com o objetivo de melhorar a produção de goma xantana. A produção máxima de goma xantana no meio de fermentação (9,02 g/1) foi observada após 4 dias de incubação com agitação a 25 °C e velocidade de agitação de 240 rpm. Foi utilizada uma solução de sacarose a 10% como meio de controlo. Os resultados indicaram que o período ótimo para a produção de goma xantana nestas condições foi de 4 dias.

FariaeZ *al.* **(2011)** mostraram que a goma xantana foi produzida por *Xanthomonas campestris^N. campestris* NRRL B-1459 utilizando caldo de cana-de-açúcar diluído em experimentos que duraram 24 h. Os componentes utilizados foram em g/1 (27,0 sacarose; 2,0 levedura de cerveja; e 0,8 NH$_4$ NO$_3$). A mistura foi fermentada a 750 rpm e 0,35 vvm. Estas condições produziram goma xantana com o peso molecular e o teor de açúcar total desejados, que foram 4,2 x 10^6 Da e 85,3%, respetivamente. O açúcar consistia em 43% de glucose, 32%

de manose e 24% de ácido glucurónico numa proporção de 1,79:1,33:1.

11. 2. Soro de leite

O soro de leite, um subproduto da indústria do queijo, contém 4-5% de lactose, 0,8-1% de proteínas, pequenas quantidades de ácidos orgânicos (ácido lático), sais minerais e vitaminas. O soro de leite representa um grande problema de eliminação de resíduos devido à sua elevada carência bioquímica de oxigénio (CBO). A sua eliminação tem sido um problema dispendioso e moroso. Devido a esta razão e também ao seu elevado teor de lactose, o soro de leite é considerado um substrato adequado para a produção de produtos de valor acrescentado, como a xantana **(SoudieZ al., 2006).**

Silva et al. (2009) estudaram a utilização de soro de queijo como fonte de carbono para a produção de xantana, utilizando duas estirpes de *Xanthomonas campestris*. As produções máximas de goma xantana foram observadas após 72 h utilizando soro de queijo como única fonte de carbono, 0,1% (p/v) de $MgSo_4$ $.7H_2$ o e 2,0% (p/v) de K HPO_{24} , produzindo aproximadamente 25g r^1 . **Ghazal et al. (2011) obtiveram** uma estirpe geneticamente modificada de *Xanthomonascampestris pela* qual produziram mais quantidades de goma xantana e tinham a capacidade de crescer em soro de leite.

11. 3. Xarope de glucose

O xarope de glucose é um xarope alimentar, produzido a partir da hidrólise do amido. O milho (com) é normalmente usado como fonte de amido nos EUA, onde o xarope é chamado de xarope com, mas o xarope de glucose também é feito a partir de outras culturas de amido, incluindo batata, trigo, cevada, arroz e mandioca **(Hull, 2010).** O xarope de glucose, que contém mais de 90% de glucose, é utilizado na fermentação industrial **(Dziedzic e Kearsley, 1995)**, mas os xaropes utilizados na confeitaria contêm quantidades variáveis de glucose, maltose e oligossacáridos superiores, dependendo do grau, e podem conter normalmente entre 10% e 43% de glucose **(Jackson, 1995).** O xarope de glucose é utilizado nos alimentos para suavizar a textura, adicionar volume, evitar a cristalização do açúcar e realçar o sabor. Ao converter alguma da glucose do xarope de com em frutose (utilizando um processo enzimático), pode ser produzido um produto mais doce, o xarope de com elevado teor de frutose.

A goma xantana é produzida por fermentação de xarope de glucose utilizando

Xanthomonas campastris. Este microrganismo pode utilizar um xarope de 42 DE ou um xarope de elevado DE. DE significa equivalente de dextrose. A escolha do substrato é um equilíbrio entre o custo da matéria-prima e o rendimento **(Hull, 2010)**.

11. 4. Outros resíduos agro-industriais para a produção de goma xantana

Moosavi-Nasab *et al.* **(2010)** estudaram a produção de goma xantana utilizando xarope de tâmaras, preparado a partir de tâmaras de baixa qualidade, como substrato. A fermentação foi efectuada com xarope de tâmaras e xarope de sacarose a 28 °C e pH 6,8 num agitador rotativo de benmarim (240 rpm). Foi estudado o efeito do período de fermentação (24, 48, 72, 96 e 120 h) na produção de goma xantana. Os autores relataram que a concentração de exopolissacarídeos (EPS) aumentou com o aumento do tempo de fermentação, com um rendimento máximo de 0,89 g/100 ml após 96 h, que foi muito superior ao do meio contendo sacarose (0,18 g/100 ml). O pH ótimo para a produção de xantana foi determinado em 5,5. Concluíram que o xarope de tâmaras tem potencial para ser utilizado como substrato adequado para a produção de xantana.

Kedar e Bholay (2014) estudaram a síntese de goma xantana utilizando melaço de açúcar, farelo de trigo, farelo de arroz e soro de leite como substratos. Através do método de fermentação em lote, a produção de goma xantana foi retirada de cada um dos resíduos agro-industriais mencionados como substrato e, finalmente, o rendimento de xantana foi calculado juntamente com a sua massa celular (%) de cada substrato. Os resultados mostram que o melaço de açúcar, em comparação com os outros substratos, dá um rendimento máximo de xantana de 1,20 gm % e um rendimento menor de soro de leite, ou seja, 0,50 gm %.

12) Aplicações da goma xantana

12.1. Aplicações industriais

Os produtos industriais de goma xantana são fabricados para satisfazer critérios de formulação tais como suspensão a longo prazo e estabilidade de emulsão em soluções alcalinas, ácidas e salinas; resistência à temperatura e pseudo plasticidade. A xantana tem amplas aplicações na indústria química. Uma mistura de xantana e goma de alfarroba (LBG) pode ser utilizada em géis desodorizantes. A capacidade da xantana para conferir a estabilidade de dispersão desejada em repouso e a baixa viscosidade durante a aplicação é utilizada para obter uma consistência correta para a pasta de dentes **(Palaniraj e Jayaraman,**

2011).

12. 2. Indústria petrolífera

As propriedades reológicas especiais da xantana são tecnologicamente adequadas para a aplicação de "recuperação avançada de petróleo" (EOR). Na indústria petrolífera, a goma xantana é utilizada na perfuração de petróleo **(Katzbauer, 1998),** na fracturação, na limpeza de condutas e no trabalho de acabamento. Como a goma xantana tem uma excelente compatibilidade com o sal e resistência à degradação térmica, também é útil como aditivo em fluidos de perfuração. A goma xantana é utilizada na inundação de polímeros micelares como uma operação terciária de recuperação de petróleo. Nesta aplicação, a salmoura espessada com polímero é utilizada para conduzir o projétil do tensioativo através da rocha porosa do reservatório para mobilizar o óleo residual; o polímero evita o desvio da água de condução através da banda de tensioativo e assegura uma boa varredura da área **(Byong, 1996).**

12. 3. Produtos de limpeza

As propriedades de fluidez e a ampla estabilidade de pH da goma xantana fazem dela o espessante de eleição em produtos como produtos de limpeza altamente alcalinos para esgotos, azulejos e juntas; soluções ácidas para remoção de ferrugem e óxido metálico; removedores de graffiti; produtos de limpeza de fornos em aerossol; produtos de limpeza de sanitas; e compostos de limpeza de metais. A goma xantana proporciona aderência à superfície vertical, bem como uma remoção fácil **(Palaniraj e Jayaraman, 2011).**

12. 4. Revestimentos

As propriedades pseudoplásticas da goma xantana proporcionam uma excelente texturização em revestimentos para tectos e azulejos e em tintas com elevado teor de sólidos, assegurando a estabilidade na lata, a facilidade de aplicação na parede e a retenção do acabamento da textura. A goma xantana engrossa as tintas e os revestimentos de látex e suspende uniformemente o zinco, o cobre e outros aditivos metálicos em revestimentos anticorrosivos **(Palaniraj e Jayaraman, 2011).**

12. 5. Indústria do papel

A goma xantana é utilizada como auxiliar de suspensão ou estabilizador no fabrico de papel e cartão, especialmente quando se destina a entrar em contacto com alimentos **(Palaniraj e Jayaraman, 2011).**

12. 6. Aplicações de cuidados pessoais

A goma xantana melhora as propriedades de fluxo dos champôs e sabonetes líquidos e promove uma espuma estável, rica e cremosa **(Rosalam e England, 2006)**. É um excelente aglutinante para todas as pastas dentífricas, incluindo as de gel e as que podem ser bombeadas. A qualidade da fita e a facilidade de extrusão também são melhoradas **(Palaniraj e Jayaraman, 2011)**.

12. 7. Aplicações farmacêuticas

A goma xantana estabiliza suspensões de uma variedade de materiais insolúveis, tais como sulfato de bário (diagnósticos de raios X), dextrometorfano complexado (para preparações para a tosse) e tiabendazol **(Palaniraj e Jayaraman, 2011)**.

12. 8. Aplicações alimentares

As principais aplicações da goma xantana são na indústria alimentar como agente de suspensão e espessante para polpa de fruta e chocolates. A Food and Drug Administration dos Estados Unidos aprovou a xantana, com base em testes toxicológicos, para utilização na alimentação humana. Muitos dos alimentos actuais requerem propriedades únicas de texturização, viscosidade, libertação de sabor, aparência e controlo da água. A goma xantana melhora todas estas propriedades e controla adicionalmente a reologia do produto alimentar final. Apresenta propriedades pseudoplásticas em soluções e tem uma sensação de boca menos "gomosa" do que as gomas com caraterísticas mais newtonianas **(Palaniraj e Jayaraman, 2011)**.

12. 8.1. Lacticínios

As misturas de goma xantana, carragenina, guar, LBG e galactomananos são excelentes estabilizadores para gelados, leite gelado, sorvetes, batidos de leite e gelados de água. A xantana com metil-carboximetilcelulose funciona para produtos lácteos congelados e com carboximetilcelulose para iogurtes diretamente acidificados. Misturas semelhantes são utilizadas para pudins de sobremesa, géis de leite acidificado e outros. Estas misturas económicas proporcionam uma viscosidade óptima, estabilidade a longo prazo, melhor transferência de calor durante o processamento, maior libertação de sabor, proteção contra choques térmicos e controlo de cristais de gelo **(Sharma *et al.*, 2006; Rosalam e England, 2006)**. A mistura de xantana, guar e LBG é vital para a capacidade de fatiar, o corpo firme e a libertação de sabor do queijo creme. Além disso, a xantana engrossa os molhos de queijo cottage, proporcionando um bom controlo da drenagem. **(Palaniraj e Jayaraman, 2011)**

Malone e Sage (1993) utilizaram cerca de 0,1% (p/v) de goma xantana na sobremesa congelada, como o iogurte congelado. **Miller e Hattel (1997)** descobriram que a goma xantana e a gelatina retardavam a cristalização do gelado apenas a -15 C e quando combinadas com sacarose.

Broadbent#; al. (2001) estudaram o queijo Mozzarella com baixo teor de gordura fabricado com um par de fermentos produtores de exopolissacarídeos, *Streptococcus thermophilus MR- IC* e *Lactobacillus delbrueckii subsp. bulgaricus* MR-1R, continha significativamente mais humidade e tinha melhores propriedades de fusão do que o queijo fabricado com um par de fermentos de controlo. *Streptococcus thermophilus* (CHCC 3534), produtor de exopolissacáridos (EPS), ou a sua variante genética *S. thermophilus* (CHCC 5842), negativa em termos de EPS, foram combinados com *Lactobacillus delbrueckii ssp bulgaricus* (CHCC 769) e utilizados no fabrico de queijo Karish para determinar o efeito da produção de EPS na composição e nas caraterísticas sensoriais e texturais. A humidade e o rendimento foram cerca de 2% mais elevados no queijo fabricado com a cultura produtora de EPS do que no queijo fabricado com o mutante EPS-negativo. A análise do perfil de textura mostrou que as caraterísticas de textura (dureza, consistência, adesividade, mastigabilidade, relaxamento e módulo) eram significativamente mais baixas no queijo fabricado com a cultura produtora de EPS, enquanto o queijo fabricado com o mutante EPS-negativo era significativamente mais baixo em termos de coesividade. A análise sensorial confirmou a capacidade da cultura produtora de EPS para melhorar a textura do queijo Karish, uma vez que recebeu pontuações mais elevadas de corpo e textura após o envelhecimento durante 7 e 15 dias **(Ahmed *et al.*, 2005).**

CAPÍTULO 3

MATERIAIS E MÉTODOS

1) <u>Microorganismos</u>

1.1. Organismo produtor de xantana

A *Xanthomonas campestris* pv.*campestris* foi obtida do Agricultural Biotechnology Laboratories, National Chung Hsing Univ., Taichung, Taiwan e utilizada neste estudo.

1.2. Entradas de iogurte

O *Lactobacillus delbrueckii* subsp. *bulgaricus* e o *Streptococcus salivarius* subsp.*thermophilus* foram obtidos da Chr. Hansen Laboratories, Copenhaga, Dinamarca. Estes organismos são fermentos de iogurte e foram utilizados como fermentos para o queijo Karish.

1.3. Bactérias do ácido lático

O *Lactobacillus rhamnosus* NRRL B-442 foi obtido da Microbial Genomic and Biorocessing USDA, ARS, NCAUR USA (Peoria, Ill.).

1.4. Estirpes patogénicas

As estirpes do organismo indicador foram obtidas a partir das culturas de reserva do Centro de Investigação Agrícola de Giza. Estas incluem *Escherichia coli 0157: H7 ATCC 6933, Bacillus cereus ATCC 33018, Staphylococcus aureus ATCC 20231, Salmonella typhimurium ATCC 14028, Pseudomonas aeruginosa ATCC 9027. A estirpe Listeria monocytogenes v7, serótipo 1* (isolado de leite), foi obtida no Departamento de Ciência Alimentar da Universidade de Wisconsin-Madison, EUA. *Yersenia enterocolitica* ATCC *9610. Asparagillus flavus* 3357 e *Saccharomyces cerevisiae* Y-2223 foram fornecidos pelo Northern Regional Research Laboratory Illinois, EUA (NRRL). *Aspergillus niger* foi obtido do Department of Microbiology, Swedish University of Agricultural Sciences. *Candidia albicans* foi fornecida pelo Institute of Applied Microbiology, University of Tokyo, Japão.

2) <u>Media</u>

2.1. Meio de fermentação básico

A produção de goma xantana foi testada em meios líquidos ou em ágar. A composição do meio de fermentação sem fontes de azoto ou carbono em (gL^1) foi a seguinte 3g K HPO$_{24}$

, 0,25g MgSO$_4$ .7H$_2$ 0,1g CaCO$_3$ ou 0,2gcystine.

2.2   Meios de cultura

2.2.1   . Ágar MRS (Erdorul e Erblr, 2006).

Este meio é utilizado para enumerar a contagem de ácido lático *(lactobacilos)*.

Peptona	10.0g
Pó de laboratório-lemco	8.0g
Acetato de sódio. 3H O$_2$	5.0g
Glicose	20.0g
Extractos de levedura	4.0g
Mono-olea de sorbitano	1,0 ml
Hidrogénio fosfato dipotássico	2.0g
Citrato de triamónio	2.0g
Sulfato de magnésio 7H O$_2$	0.2g
Sulfato de magnésio 4H O$_2$	0.05g
Ágar	15.0g
pH final	6,2+0,2 a 25°C

Os ingredientes foram dissolvidos em água destilada (g/1) e autoclavados a 121 °C durante

15 min. Arrefecer até 50°C.

1.4.1.   caldo M17 ou ágar (Strahinicet al., 2007).

Este meio é utilizado para enumerar a contagem de bactérias do ácido lático *(lactococos)*.

Triptona	5.0g
Pó de laboratório-lemco	5.0g
Peptona de soja	5.0g
Extractos de levedura	2.5g
Ácido ascórbico	0.5g
Sulfato de magnésio	0.25g
Glicerofosfato dissódico	19.0g
Ágar	15.0g
pH final	6,9±0,2 a
	25°C

Os ingredientes foram dissolvidos em água destilada (g/1) e autoclavados a 121°C durante 15

min. Arrefecer a 50°C.

2.2.3   Meio de ágar para contagem de placas (APHA, 1978)

Este meio foi utilizado especificamente para enumerar a contagem de todas as bactérias

aeróbias.

Extractos de levedura   2.5.0g

Hidrolisado enzimático de caseína   5.0g
Dextrose   1.0g
Peptona   20.0g
Ágar   20.0g
pH final   7.2±0.2

Os ingredientes foram dissolvidos em água destilada (g/1) e autoclavados a 121 °C durante 15 min. Arrefecer até 50°C.

2.3. Substratos para a produção de xantana e suas aplicações

O xarope de glucose, o gérmen de trigo e os grãos de soja foram obtidos no mercado local do Cairo, Egito. O melaço de beterraba foi obtido da Sugar and Integrated Industries co. em Hawamdia, Giza. O soro de leite foi obtido na Faculdade de Agricultura da Universidade do Cairo. O leite foi obtido no mercado local de Giza.

3) <u>Métodos</u>

3.1. Preparação do microrganismo e do inóculo

A bactéria Xanthomonas campestris pv. *campestris* foi mantida numa placa de ágar nutriente contendo (g/1) glucose 10; extrato de malte 3; extrato de levedura 3; e peptona 5; pH 7, cultivada a 30 °C durante 24 horas e armazenada a 4 °C. As células em crescimento ativo a partir de uma suspensão recentemente preparada foram colhidas e inoculadas no meio líquido (100 ml) num Erlenmeyer de 250 ml. A cultura foi incubada a 28-30°C durante 24 horas num agitador de incubadora. A cultura líquida foi utilizada para inocular o meio de fermentação final.

<u>3.2.</u> Preparação do extrato de gérmen de trigo

O gérmen de trigo (45 g) foi adicionado a 450 ml de água da torneira. A mistura foi agitada durante três horas e depois centrifugada a 5000 rpm. O sobrenadante foi esterilizado em autoclave a 121 °C durante 45 minutos. Observou-se a sedimentação dos sólidos após a esterilização. Os procedimentos de extração e esterilização foram repetidos quatro vezes. O extrato foi utilizado nos meios de fermentação para a produção de goma xantana **(Charalampopoulos *et al.*, 2002).**

<u>3.3.</u> Preparação do extrato de soja

Os grãos de soja (50 g) foram embebidos em 100 ml de água durante uma noite. A soja embebida foi fervida durante cerca de uma hora e o extrato (soja fervida) foi autoclavado a 121 °C durante 15 minutos. O extrato foi utilizado no meio de fermentação para a produção de goma xantana (**Azzat, 2001**).

3.4. Pré-tratamento do melaço de beterraba

O melaço de beterraba foi pré-tratado da seguinte forma: Adicionaram-se 100 ml de melaço de beterraba a 100 ml de água destilada e, em seguida, 10 ml de ácido sulfórico concentrado ($H_2 SO_4$); a mistura foi mantida em repouso durante uma hora e depois filtrada. O pH do sobrenadante foi ajustado para pH 7. O melaço de beterraba pré-tratado foi autoclavado e utilizado para a preparação do meio de fermentação (**Kalogiannis** *et al.*, **2003**).

3.5. Meios de fermentação utilizados para a produção de goma xantana

Foram utilizados diferentes meios de fermentação com diferentes fontes de azoto e carbono para a produção de goma xantana. A produção de goma xantana foi testada em meios líquidos ou de ágar, como se segue:

1- Meio de fermentação com xarope de glucose: o xarope de glucose foi utilizado como fonte de carbono no meio de fermentação basal.

2- Meio de fermentação de gérmen de trigo: o extrato de gérmen de trigo foi utilizado como único meio de fermentação ou no meio de fermentação basal (com ou sem adição de sacarose).

3- Meio de fermentação de soja: o extrato de soja foi utilizado como único meio de fermentação ou no meio de fermentação basal (com ou sem adição de sacarose).

4- Meio de fermentação com melaço de beterraba: o melaço de beterraba foi utilizado como fonte de carbono no meio de fermentação basal.

5- Meio de fermentação de soro de leite: o soro de leite foi hidrolisado utilizando diferentes concentrações de ácido clorídrico (0,1 N) (0,5, 2,5, 3,5, 4,5, 5,5, 6,5 e 7,5%). O soro de leite foi utilizado como fonte de carbono com 1% de sacarose no meio de fermentação basal.

6- Meio de fermentação de xarope de glucose com extrato de gérmen de trigo: foram adicionadas diferentes concentrações de extrato de gérmen de trigo (20,40, 60, 80 e 100 %) ao meio de fermentação básico com xarope de glucose ou estas concentrações foram utilizadas como único meio de fermentação com xarope de glucose.

7- Meio de fermentação de xarope de glucose com extrato de soja: foram adicionadas diferentes concentrações de extrato de soja (20, 40, 60, 80 e 100 %) ao meio de fermentação básico com xarope de glucose ou estas concentrações foram utilizadas como único meio de fermentação com xarope de glucose.

8- Xarope de glucose com meio de fermentação de extrato de soja e de germe de trigo: foram adicionadas diferentes combinações de extrato de soja e de germe de trigo ao xarope de glucose (1:0, 0:1, 1:1, 4:6 e 6:4, respetivamente).

9- Meio de fermentação com lactose: a lactose foi utilizada como fonte de carbono no meio de fermentação basal, além de 5g/l de sacarose, lg/1 de peptona e lg/1 de extrato de levedura. Nesta experiência, a lactose e a sacarose foram autoclavadas separadamente e adicionadas ao meio de fermentação antes da inoculação com microrganismos. Foram inoculados dois microrganismos, o primeiro foi o *Lactobacillus rhamnosus*, que foi inoculado no meio de fermentação (2%) e depois incubado a 37 °C durante 24 ou 48 horas, tendo o pH do meio sido ajustado a 7,0 com uma solução de hidróxido de sódio 0,1 N e foi efectuado um tratamento térmico da cultura. A experiência de fermentação foi realizada em frascos cónicos de 250 ml contendo 100 ml de meio de fermentação e foi inoculada com 3% (v/v) de cultura viável ativa de *Xanthomonas campestris* e rodada a 150 rpm num agitador rotativo a 28±1 °C durante quatro dias.

3.6. Condições de otimização para a produção de goma xantana

3.6.1. Fontes de carbono

O efeito das fontes de carbono na produção de goma xantana foi testado utilizando diferentes tipos de açúcar como sacarose, glucose, frutose ou maltose. As fontes de carbono foram autoclavadas separadamente e adicionadas ao meio de fermentação basal antes da inoculação (em meio líquido). O pH do meio foi ajustado para 7,0 com solução de hidróxido de sódio 0,1 N. As experiências de fermentação foram realizadas em frascos cónicos de 250 ml contendo 50 ml de meio de fermentação em cultura submersa e 15 ml para meio de ágar sólido e foram inoculados com 3% (v/v) de cultura viável ativa de *Xanthomonas campestris* e rodados a 150 rpm num agitador rotativo a 28+1 C durante quatro dias para meio líquido e durante a noite para meio de ágar.

3.6.2. Fontes de azoto

Foram testados diferentes tipos de fontes de azoto orgânico (extrato de levedura, extrato de carne, hidrolisado de caseína ou peptona) ou inorgânico [NH4CI, NaNo3 , KNo3 ou (NH)42 HPo4]. A fonte de carbono foi autoclavada separadamente e misturada com a solução salina previamente esterilizada, de forma asséptica, antes da inoculação. Em seguida, as fontes de azoto orgânico e não orgânico foram adicionadas à solução salina no início. O pH do meio foi ajustado para 7,0 com solução de hidróxido de sódio 0,1 N. As experiências de fermentação foram realizadas em frascos cónicos de 250 ml contendo 50 ml de meio de fermentação em cultura submersa e 15 ml para meio de ágar sólido e foram inoculados com 3% (v/v) de cultura viável ativa de *Xanthomonas campestris* e rodados a 150 rpm num agitador rotativo a 28±1 C durante quatro dias para o meio líquido e durante a noite para o meio de ágar.

3.6.3. *Fontes de aminoácidos*

O efeito dos aminoácidos, incluindo alanina, metionina, histidina, serina ou glicina, na produção de xantana foi testado à vontade. A fonte de carbono foi autoclavada separadamente e misturada com uma solução salina previamente esterilizada de forma asséptica antes da inoculação.

O pH do meio foi ajustado para 7,0 com soluções de hidróxido de sódio 0,1 N. As experiências de fermentação foram efectuadas em frascos cónicos de 250 ml contendo 50 ml de meio de fermentação em cultura submersa e 15 ml para meio de ágar sólido e foram inoculados com 3% (v/v) de cultura viável ativa de *Xanthomonas campestris* e rodados a 150 rpm num agitador rotativo a 28±1 C durante quatro dias para o meio líquido e durante a noite para o meio de ágar. 3.6.4. *Sistemas tampão*

O efeito do pH tamponado na produção de goma xantana foi estudado diluindo o sobrenadante de sonicação 100 vezes **(Joris et al., 1986)** nos seguintes tampões: Tampão acetato de sódio-ácido acético 0,05M **(Mckenzie et al, 1969)**, pH 4,0 (18 partes de acetato de sódio 0,05 M + 82 partes de ácido acético 0,05 M) e pH 5,0 (70 partes de acetato de sódio 0,05 M + 30 partes de ácido acético 0,05 M), tampão fosfato de sódio 0.05 M de tampão de fosfato de sódio **(ISCO, 1982),** pH 6,0 (12 partes de Na 0,05 M Hpo24 + 88 partes de NaH 0,05 M2 po4) e pH 7,0 (57,7 partes de MNa 0,05 Hpo24 + 42,3 partes de MNaH 0,052 po4), tampão Tris-HCL 0,05 M **(Sambrook et al., 1989)** pH 8,0 (50 ml de base Tris 0,1 M + 29,2 ml de HC1 0,1 N + 20,8 ml de H2 O), tampão glicina-NaOH 0,05 M **(Gomori, após Sorensen,**

1955) pH 9.2 (25 ml de glicina 0,2 M + 6 ml de NaOH 0,2 M + 69 ml de H_2O) e pH 10,0 (25 ml de glicina 0,2 M + 16 ml de NaOH 0,2 M + 59 ml de H_2O). A experiência de fermentação foi realizada em frascos cónicos de 250 ml contendo 100 ml de solução-tampão com os outros conteúdos do meio de fermentação basal e foi inoculada com 3% (v/v) de cultura viável ativa de *Xanthomonas campestris* e rodada a 150 rpm num agitador rotativo a 28± 1°C durante quatro dias.

<u>3.7.</u> Otimização da produção de goma xantana utilizando xarope de glucose como fonte de carbono em fermentador de grande escala

A cultura em descontínuo de *Xanthomonas campsteris* foi efectuada num fermentador/bioreactor de bancada BioFlo 310 de 7,5 L (New Brunswick scientific co., Inc.) com um volume de trabalho de 5 L, nas condições óptimas (componentes do meio de cultura, pH e temperatura) previamente estabelecidas ao nível dos frascos. O bioreactor estava equipado com um agitador de topo com duas turbinas de seis pás do tipo Rushton. As condições de otimização para esta experiência foram: pH: 7, temperatura: 28°C, aeração 1 (v/v), agitação: 200-300 rpm no primeiro dia e 500 rpm no segundo dia, e anti-espuma: óleo de silicone **(Rosalam e England, 2006; Palaniraj e Jayaraman, 2011).**

<u>3.8.</u> Isolamento e purificação da goma xantana

O isolamento e a purificação da goma xantana foram efectuados de acordo com **Jeanes** *et al.* **(1976).**

3.8.1. Isolamento da goma xantana em bruto

A goma xantana bruta foi isolada do meio de fermentação da seguinte forma: o caldo de viscose foi diluído por adição de uma solução aquosa de etanol a 33% para reduzir a sua viscosidade final até atingir 100 cp. As culturas diluídas foram centrifugadas durante 15 minutos a 5000 rpm para remover as células bacterianas e quaisquer outras matérias em suspensão. Com base no volume de água, foi adicionado 1% de KC1 e, em seguida, a goma xantana foi precipitada com etanol a 95%. O precipitado de goma xantana em bruto foi então separado por centrifugação a 5000 rpm durante 15 minutos. A goma recolhida foi seca na estufa a 50 C durante 24 horas. O rendimento da goma xantana foi representado como peso seco da goma xantana bruta produzida a partir de um litro de meio de crescimento.

3.8.2. Purificação da goma xantana

A goma xantana foi purificada como descrito por **Jeanesel "/.(1976)**. As culturas foram primeiro diluídas a 100 cp com etanol a 33%. Para remover as células e quaisquer outras matérias em suspensão, as culturas foram centrifugadas a 5000 rpm durante 15 minutos a 4 °C. O cloreto de potássio foi adicionado ao sobrenadante isento de células até uma concentração final de 1% (com base no volume de água). A xantana em bruto foi precipitada com etanol a 95%. O precipitado recolhido (xantana em bruto) foi centrifugado. A massa gomosa e a lama foram quebradas em etanol a 70%. A xantana bruta foi novamente dissolvida e diluída a 50 cp por adição de etanol a 33%. A centrifugação e a precipitação foram repetidas como mencionado acima e a pasta foi recolhida por centrifugação. A lama foi novamente dissolvida em etanol a 70% e diluída até um terço do volume anterior por adição de etanol a 33%. A solução de diluição foi novamente precipitada com etanol a 95%. A matéria gomosa foi novamente dissolvida e diluída até atingir uma viscosidade de 300 a 500 cp, utilizando etanol a 33%. Para remover a matéria solúvel, fazer diálise contra água desionizada. O pH do retentado foi ajustado para 6,5. A matéria gomosa foi filtrada com sucção mínima através de um funil de vidro sinterizado grosso. A goma xantana foi concentrada numa solução de cerca de 1 por cento. A goma xantana foi liofilizada.

3.9. Métodos analíticos

3.9.1. Extração de açúcar

As amostras foram analisadas quanto à presença de mono e dissacáridos por cromatografia líquida de alta resolução (HPLC), de acordo com **Ugar e Balaban (2004).** Os açúcares foram extraídos para DMSO; o extrato foi passado através de um cartucho C_{18} Sep-Pak e armazenado sob refrigeração até à análise.

As soluções padrão de açúcares individuais com glucose, manose e ácido glucourónico analíticos foram preparadas diluindo cada açúcar analisado em água desionizada. O volume de injeção de cada padrão foi de 20 pL.

3.9.2. Análise dos açúcares por HPLC

As amostras foram filtradas através de uma membrana de 0,45 pm. A análise dos hidratos de carbono presentes no filtrado foi efectuada por HPLC, Shimadzu Class-VPV 5.03 (Quioto, Japão), equipado com um detetor Shimadzu de índice de refração RID-10A, uma bomba binária LC-16ADVP, um desgaseificador DCou-14 A e uma coluna Shodex PL Hi-

PlexPb (Sc 1011 n.º H706081), uma coluna de guarda Sc-LcShodex e um aquecedor regulado para 65 °C. A separação e a quantificação foram efectuadas numa coluna de amino-ligação com uma fase móvel de CH_3 CN e H_2 O (80/20 v: v).

3.9.3. *Determinação do teor de acetato*

O teor de acetato foi determinado pelo método colorimétrico descrito por
Mc-Comb e Mc-Cready (1957) <u>como se segue:</u>

<u>**Reagentes**</u>

Hidróxido de sódio. Dissolver 9,4 gramas de hidróxido de sódio de grau de reagente em
100 ml de água.

Cloridrato de hidroxilamina. Dissolver 3,75 g de cloridrato de hidroxilamina em 100 ml
de água.

Perclorato férrico. Dissolver 1,93 g de cloreto férrico (FeCl .36 H20) em 5 ml de ácido
clorídrico concentrado, adicionar 5 ml de ácido perclórico a 70% e
evaporar a solução quase até à secura.

<u>**Procedimento:**</u>

Pesar uma amostra após a hidrólise para um copo de 100 ml. Colocar uma barra de agitação e adicionar 25,0 ml de solução de hidroxilamina, agitando num agitador magnético. Adicionar gota a gota 25,0 ml de solução de hidróxido de sódio, agitando durante 15 minutos. Continuar a agitar até a amostra estar dissolvida. Pipetar com precisão 2 ml da solução para um balão volumétrico de 25 ml. Adicionar 5 ml de água e de metanol ácido e misturar bem. Perfazer o volume com a solução de perclorato férrico, tendo o cuidado de a adicionar em pequenos incrementos e de misturar bem após cada adição. Após 5 minutos, determinar a coloração a 520 nm.

3.9.4. *Determinação do teor de piruvato*

Após a hidrólise, o teor de piruvato da xantana foi determinado por um processo colorimétrico com 2,4-dinitrofenil-hidrazina (DNPH) **(Slonecker e Jeanes, 1962)**. Adicionou-se um agente de 2,4-dinitrofenil-hidrazina a uma parte da amostra de hidrólise até à formação imediata de pequenos cristais amarelos. Após três cristalizações a partir da amostra de hidrólise, foram obtidos 21,0 mgo de um material cristalino amarelo brilhante com um ponto de fusão de 216 °C. O ponto de fusão não se alterou quando a amostra foi misturada com a 2,4- dinitrofenil-hidrazona autêntica do ácido pirúvico. A análise quantitativa do ácido pirúvico como sua 2,4- dinitrofenil-hidrazona revelou o teor de piruvato.

3.10. Atividade antimicrobiana da goma xantana

3.10.1. *Estirpes bacterianas indicadoras*

As estirpes do organismo indicador foram obtidas a partir das culturas de reserva do Centro de Investigação Agrícola de Giza. Estas incluem *Escherichia coli 0157: H7 ATCC 6933, Bacillus cereus ATCC 33018, Staphylococcus aureus ATCC 20231, Salmonella typhimurium ATCC 14028, Pseudomonas aeruginosa ATCC 9027. A estirpe Listeria monocytogenes v7, serótipo 1* (isolado de leite), foi obtida no Departamento de Ciência Alimentar da Universidade de Wisconsin-Madison, EUA. *A Yersenia enterocolitica* ATCC *9610, o Asparagillus flavus* 3357 e *a Saccharomyces cerevisiae* Y-2223 foram fornecidos pelo Northern Regional Research Laboratory Illinois, EUA

O Aspergillus niger (NRRL) foi obtido do Departamento de Microbiologia da Universidade Sueca de Ciências Agrícolas. *Candidia albicans* foi fornecida pelo Instituto de Microbiologia Aplicada, Universidade de Tóquio, Japão.

Todas as estirpes foram mantidas por rotina através de subcultura uma vez por semana em caldo de soja triptona / ágar e armazenadas a 4°C até à sua utilização. As estirpes de leveduras e bolores foram activadas em caldo de extrato de malte (Oxoid), incubadas a 25°C durante 72 h. A pureza de todas as estirpes foi verificada antes de cada utilização.

3.10.2. *Deteção da atividade antimicrobiana da goma xantana*

A atividade antimicrobiana da goma xantana contra as estirpes de referência foi determinada pelo método de difusão em ágar, tal como descrito por **(Con *et al.*, 2001)**. Um ml de cultura da(s) estirpe(s) indicadora(s) activada(s) (10^4 - 10^5 Cell / ml) foi inoculado em 20 ml de ágar Mueller-Hinton (Becton Dickinson, EUA) e vertido em placas de Petri. Após a solidificação do ágar, foram cortados poços de 5 mm de diâmetro e foram adicionados a cada poço 50 pm da solução de xantana com concentrações de 0,05 ou 0,1 %. Os pratos foram armazenados durante 2 h no frigorífico, seguidos de incubação durante 24 h a 37°C. Os diâmetros das zonas de inibição foram medidos **(Rammelsberg e Radler, 1990)**.

3.11. Fabrico de queijo Karish utilizando goma xantana purificada como estabilizador

O queijo Karish foi produzido segundo o método de **Szezesniaket al. (1963).** Um leite de búfala desnatado foi dividido em seis porções iguais. Um lote não continha goma xantana e serviu de controlo. A goma xantana foi adicionada aos últimos lotes nas concentrações de 0,01, 0,02, 0,03, 0,04 ou 0,05 %, respetivamente. Todos os lotes de leite foram aquecidos a 75°C e arrefecidos a 42°C, inoculados com cultura inicial utilizando 2 % (v/v) de culturas activas mistas (1:1) de *Streptococcus thermophilus* e *Lactobacillus dlebreuckii* ssp. *bulgaricus*. As amostras de queijo foram transferidas para copos de plástico de 300 ml e incubadas a 42°C durante 4-8 h até à coagulação. Todos os tratamentos de queijo foram armazenados a 5±2°C durante 15 dias.

3.11.1. *Análise microbiológica*

As amostras de queijo Karish foram analisadas para a contagem de *Lactobacillus dlebreuckii* ssp. *bulgaricus* em ágar MRS (Oxoid) a 37°C durante 48 h. Enquanto que o M17 (Oxoid) foi utilizado para determinar *Streptococcus thermophilus* a 37°C durante 24 h. As contagens totais de bactérias foram enumeradas em ágar nutriente a 37°C durante 24 h **(APHA, 1978).**

3.11.2. *Análise química:*

Os teores de sólidos totais, gordura, cinzas e azoto total (TN) das amostras de queijo karish foram determinados de acordo com a **AOAC [2007, métodos, 926.08, 933.05 e 2001.14, respetivamente].** O teor de proteínas foi obtido multiplicando a percentagem de TN por 6,38. O valor do pH foi medido utilizando um medidor de pH digital (HANNA, Instrument, Portugal) com elétrodo de vidro.

3.11.3. *Avaliação sensorial*

As amostras de queijo Karish foram cortadas em pedaços de aproximadamente 5x5 cm e colocadas em pratos brancos. As amostras foram temperadas à temperatura ambiente (20±2°C) e depois apresentadas aos membros do painel por ordem aleatória. Foi fornecida água para lavar a boca entre as amostras. As propriedades organolépticas do queijo karish foram avaliadas por 10 membros do painel do pessoal experiente do Departamento de Lacticínios do Centro Nacional de Investigação. As amostras foram avaliadas quanto ao sabor (50 pontos), corpo e textura (40 pontos) e aspeto (10 pontos), de acordo com **Keating e White (1990) e Ame *et* aZ.(1997).**

3.11.4. *Avaliação da textura*

A análise do perfil de textura (TPA) foi efectuada nas amostras de queijo inteiro utilizando o teste de dupla compressão (TA-XT2 Texture Analyzer, Texture Technologies Corp., Scarsdale, NY). As amostras foram duplamente comprimidas até 80% da sua altura original a uma velocidade de compressão de cm/min. Os seguintes parâmetros foram avaliados pelo TP A de acordo com as definições dadas pela **International Dairy Federation (1991):** A dureza é a força necessária para atingir uma determinada deformação; a factorabilidade é a força com que o material se parte; a elasticidade é a taxa a que um material deformado volta à sua condição original depois de a força deformadora ser removida; e a coesividade é definida como a quantidade que simula a força das ligações internas que constituem o corpo do produto. Os parâmetros de textura acima referidos foram determinados utilizando o software Texture Expert (versão 1.22, Stable Micro Systems Ltd., Haslemere, Reino Unido). O valor da força de pico da compressão de 1st (mordida) é a medida da dureza (em Newtons, N). O rácio entre as áreas sob a força de pico da segunda dentada e a da primeira dentada é a medida da coesividade (sem dimensão). A medida da elasticidade (sem dimensão) é o rácio entre a distância percorrida para atingir o pico de força durante a segunda dentada e a distância percorrida para atingir o pico de força durante a primeira dentada.

3.12. Análise estatística

A análise estatística foi efectuada utilizando o procedimento GLM com software **(2004).** O procedimento de comparação múltipla de Duncan foi utilizado para comparar as médias. Foi utilizada uma probabilidade de $P < 0,05$ para estabelecer a significância estatística.

CAPÍTULO 4
RESULTADOS

1) Condições de otimização para a produção de goma xantana por *X. campstris*.

Para produzir goma xantana, a estirpe produtora de xantana necessita de vários nutrientes, incluindo micronutrientes (sais de potássio, ferro e cálcio) e macronutrientes (fontes de carbono e azoto).

1.1.   O efeito de diferentes fontes de carbono na produção de goma xantana por *X. campestris*.

Foram utilizadas como fontes de carbono a sacarose, a frutose, a maltose e a glucose. A concentração de 3% de fonte de carbono foi preferida para a produção de xantana. Verificou-se que a melhor fonte de carbono era a sacarose para a produção de goma xantana em meio de ágar líquido e sólido, com uma produção de 21,6 e 13 g/l, respetivamente, à temperatura óptima (Quadro 3) e (Fig. 6). Assim, o rendimento suportado pela sacarose foi significativamente mais elevado do que o das outras fontes de carbono ($p < 0,05$), tanto em meio de ágar líquido como em meio de ágar sólido. Enquanto a frutose apresentou o rendimento mais baixo de goma xantana em meio líquido, a produção suportada foi de 3,2 g/l. Da mesma forma, em meio sólido, a maltose suportou o rendimento mais baixo de xantana, que atingiu 5,33 g/l ($p < 0,05$).

Tabela (3): O efeito de diferentes fontes de carbono na produção de goma xantana por *X. campestris*

Carbon Sources	Xanthan gum g/l	
	Liquid medium	Solid medium
Sucrose	21.6[a]	13.0[a]
Glucose	9.2[b]	8.0[b]
Maltose	7.6[c]	5.3[d]
Fructose	3.2[d]	7.0[c]

Dados expressos como média de 2 réplicas. As médias com a mesma letra não são significativamente diferentes ($P < 0,05$)

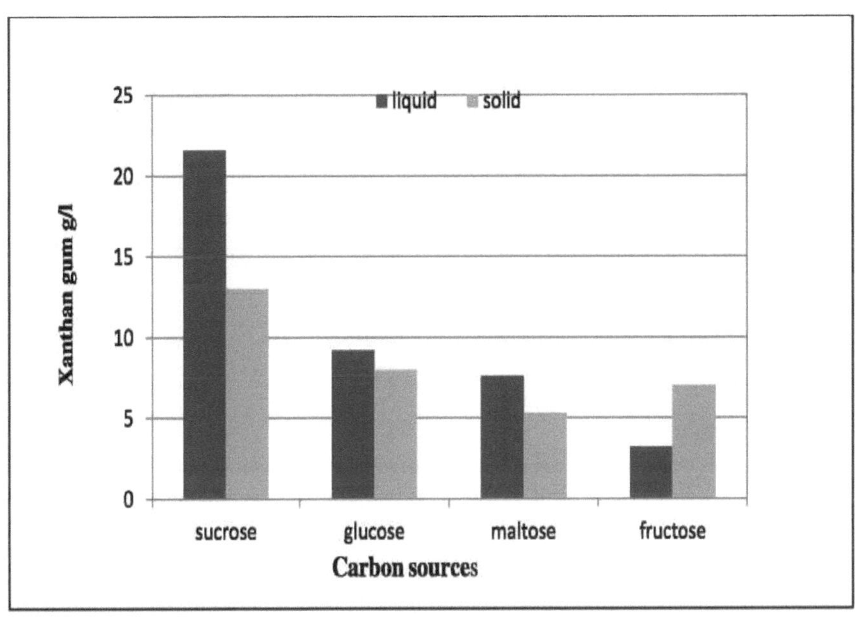

Figura (6): O efeito de diferentes fontes de carbono na produção de goma xantana por *X. campestris*.

O efeito de diferentes fontes de azoto orgânico na produção de goma xantana por *X. campestris*.

A peptona, a triptona, o extrato de levedura, o extrato de carne e a caseína foram utilizados como fontes de azoto orgânico para a produção de goma xantana (Quadro 4 e Fig. 7). A concentração de 0,2% de fonte de azoto orgânico foi a preferida para a produção de xantana. A peptona e a triptona foram as melhores fontes de azoto orgânico em meio líquido, aumentando o rendimento da xantana para 36 e 25 g/l, respetivamente. No entanto, não houve diferença significativa entre elas e outras fontes (p < 0,05). Enquanto que o extrato de levedura produziu 4,6 g/l de xantana em meio de ágar sólido, o extrato de levedura foi significativamente mais produtivo do que as outras fontes de azoto orgânico.

Tabela (4): O efeito de diferentes fontes de azoto orgânico na produção de xantana por *X. campestris.*

Organic N. Sources	Xanthan gum g/l	
	Liquid medium	Solid medium
Pepton	36^a	4^b
Trypton	25^a	13^c
Yeast extract	12^a	4.6^a
Meet extract	11^a	1.6^c
Casien	11^a	1.6^c

Dados expressos como média de 2 réplicas. As médias com a mesma letra não são significativamente diferentes (P<0,05).

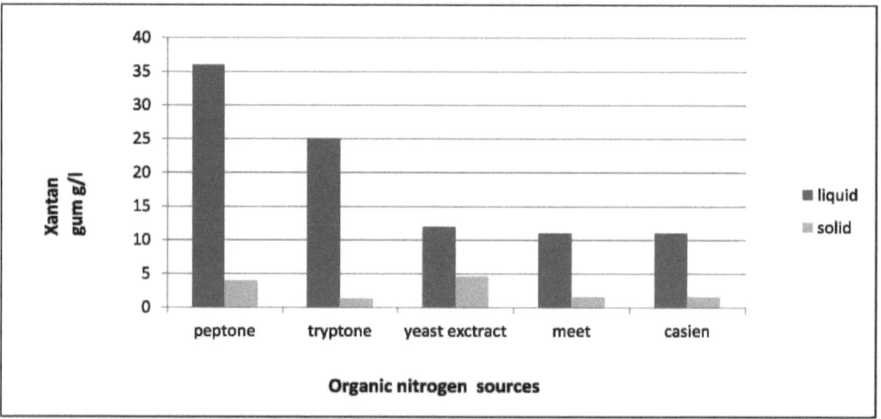

Figura (7): Efeito de diferentes fontes de azoto orgânico na produção de goma xantana por *X. campestri*

1. **3. o efeito de fontes inorgânicas de azoto na produção de goma xantana por**

X. campestris.

O di-hidrogenofosfato de amónio ((NH) HPO_{424}), NH_4 Cl, $NaNo_3$ e KNo_3 foram utilizados como fontes de azoto inorgânico para a produção de goma xantana. As melhores fontes de azoto inorgânico foram (NH) HPO_{424} para o meio de ágar líquido e sólido, produzindo 20 e 4,2 g/1 de xantana, respetivamente (Quadro 5 e Fig. 8). O rendimento suportado por ($NH4$) HPO_{24} foi significativamente superior ao das outras fontes de azoto

inorgânico em meio sólido, mas em meio líquido não houve diferença significativa entre (NH
) HPO$_{424}$ e NH4CI ou NaNo$_3$. Em meio sólido, o NaNo$_3$ não apresentou diferenças
significativas no rendimento de xantana em comparação com oNH$_4$ Cl ou KNo$_3$ (p < 0,05).

Tabela (5): O efeito de diferentes fontes de azoto inorgânico na produção de goma xantana
por *X. campestris.*

Inorganic nitrogen sources	Xanthan gum g/l	
	Liquid medium	Solid medium
$(NH_4)_2HPO_4$	20^a	4.2^a
NH_4Cl	12^{ab}	3.3^c
$NaNo_3$	12^{ab}	3.5^{bc}
KNo_3	8^b	3.8^b

Dados expressos como média de 2 réplicas. As médias com a mesma letra não são
significativamente diferentes (P<0,05).

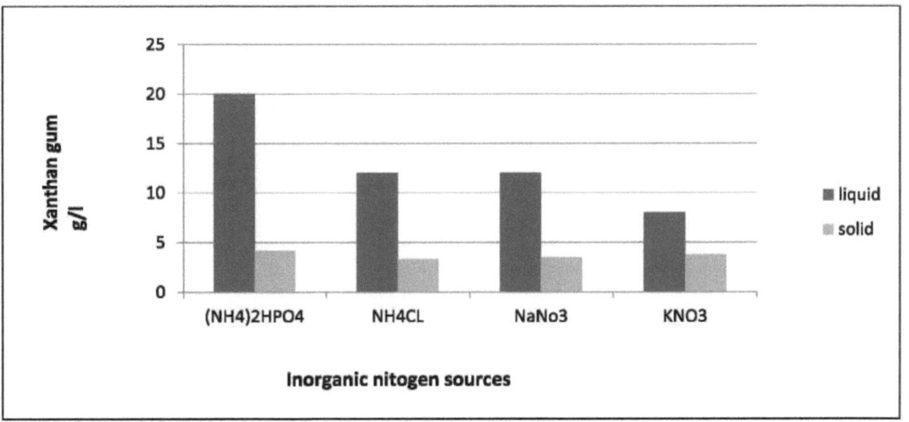

Figura (8): Efeito de diferentes fontes de azoto inorgânico na produção de goma xantana por *X. campestris*

1. 4. o efeito de diferentes aminoácidos na produção de goma xantana por *X. campestris.*

Foram utilizados como fonte de aminoácidos a cistina, a alanina, a histidina, a glicina, a serina e a metionina. A Tabela (6) e a Fig. (9) mostraram que a utilização do aminoácido cistina num meio contendo sacarose e peptona aumentou o rendimento da goma xantana até atingir 35 g/1 em meio líquido, em comparação com os outros aminoácidos nas mesmas condições, mas não houve diferença significativa entre os rendimentos suportados pela cistina, alanina e histdina em meio líquido. Enquanto que em meio sólido o rendimento suportado pela alanina foi significativamente mais elevado do que outras fontes de aminoácidos, exceto a glicina (p < 0,05).

Tabela (6): O efeito de diferentes fontes de aminoácidos na produção de goma xantana por *X. campestris.*

	Xanthan gum g/l	
Amino acids sources	Liquid medium	Solid medium
Cystine	35^a	4.66^b
Alanine	31^a	7.51^a
Histidine	31^a	3.99^{cb}
Glycine	21^{ab}	5.70^{ab}
Serien	14^{cb}	2.20^{cd}
Methionine	4^c	1.25^d

Dados expressos como média de 2 réplicas. As médias com a mesma letra não são significativamente diferentes (P<0,05).

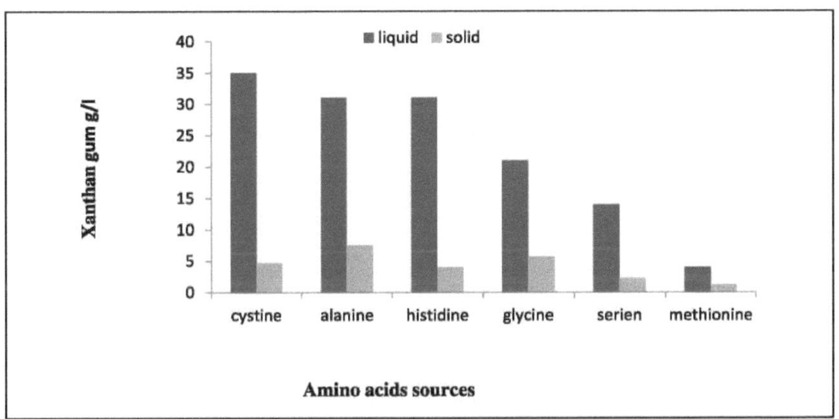

Figura (9): O efeito de diferentes fontes de aminoácidos na produção de goma xantana por *X. campestris.*

1.5. O efeito de sistemas tampão na produção de goma xantana por *X. campestris.*

Utilizando diferentes sistemas tampão a pH 4, 5, 6, 7, 8, 9,2 e 10 em meio líquido. A Tabela (7) mostra que em pH 4, 9,2 e 10 não houve produção de goma xantana. Em pH 7 e 6, a produção de goma xantana foi significativamente mais elevada do que nos outros valores de pH.

Tabela (7): O efeito dos sistemas de tamponamento na produção de goma xantana por *X. campestris.*

pH values	Xanthan gum g/L
4	0^c
5	10^b
6	27^a
7	30^a
8	8^b
9.2	0^c
10	0^c

Dados expressos como média de 2 réplicas. As médias com a mesma letra não são significativamente diferentes (P<0,05).

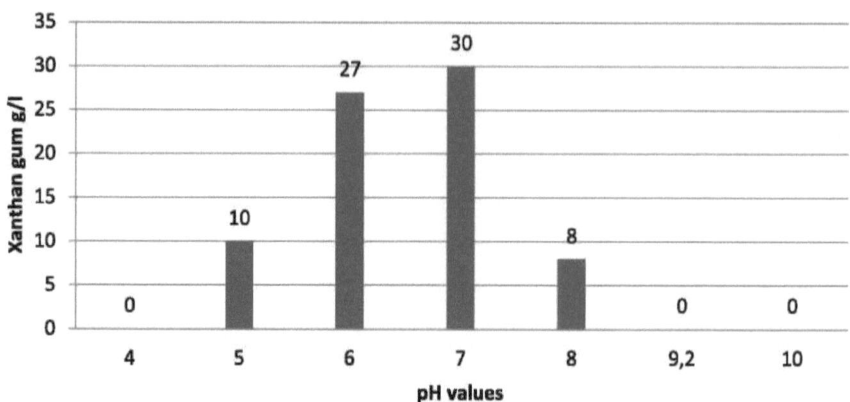

Figura (10): O efeito dos sistemas de tamponamento na produção de goma xantana por *X. campestris*.

1.6. Produção de goma xantana através da utilização de melaço de beterraba com diferentes fontes de azoto por *X. campestris*.

O quadro (8) mostra a análise química do melaço de beterraba (sólidos totais, gordura, proteínas, cinzas e açúcar). A Tabela (9) e a Fig. (11) mostram que a utilização de melaço de beterraba como substrato com $(NH)_{42}HPO4$ ou peptona como fonte de azoto com $K HPO_{24}$ e $CaCo_3$ sem adicionar o outro conteúdo do meio de fermentação basal ($MgSo_4 .7H_2$ o e cistina) para a produção de goma xantana não mostrou diferenças significativas tanto no meio líquido como no meio de ágar (p<0,05).

Tabela (8): Análise química do melaço de beterraba

Components	Percentage
Total solid	43.82 %
Fat	0.01%
Protein	1.76 %
Ash	6 %
Sugar	36.05 %

Tabela (9): Produção de goma xantana utilizando melaço de beterraba com diferentes fontes de azoto por *X. campestris.*

Nitrogen sources	Xanthan gum g/l	
	Liquid medium	Solid
Peptone	6[a]	4.33[a]
$(NH_4)_2HPO_4$	2[a]	4.33[a]

Dados expressos como média de 2 réplicas. As médias com a mesma letra não são significativamente diferentes (P<0,05).

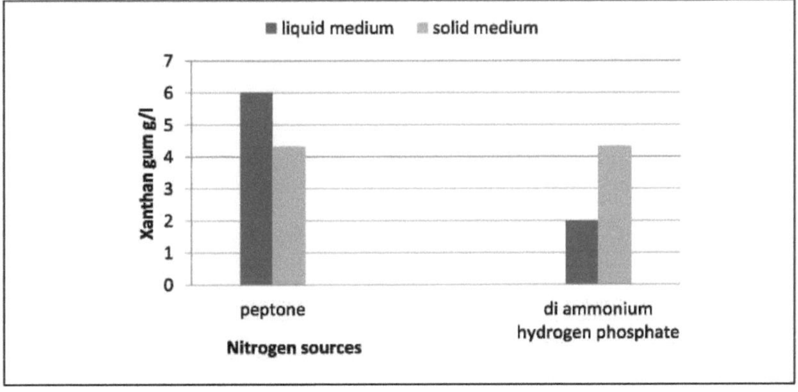

1. 7. produção de goma xantana utilizando xarope de glucose como fonte de carbono.

O quadro (10) e a figura (12) mostram que, ao utilizar xarope de glucose como fonte de carbono em vez de sacarose no meio de fermentação (K_2 HPo_4 , peptona, $CaCo_3$, $MgSo_4$. $7H_2$ o e cistina), o rendimento atingiu 18 g/1 em meio líquido e 4,83 g/1 em meio sólido de ágar. Tal como nas experiências anteriores, o maior rendimento de xantana foi produzido em meio líquido em comparação com o do meio sólido.

Tabela (10): Produção de goma xantana utilizando xarope de glucose como fonte de carbono por *X. campestris.*

Carbon source	Xanthan gum g/l	
	Liquid medium	Solid medium
Glucose syrup	18	4.83

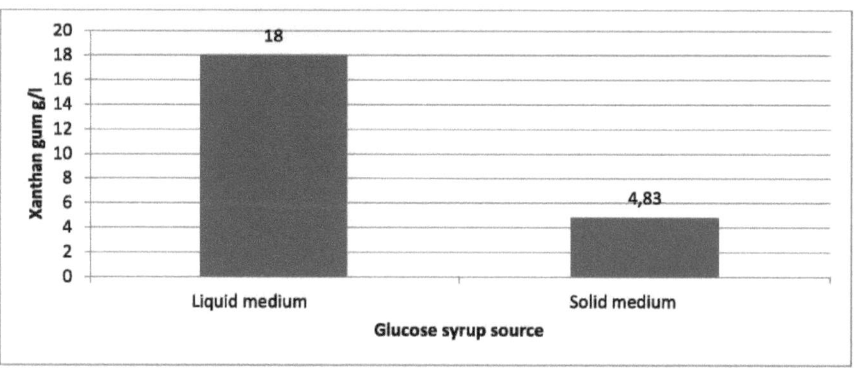

Figura (12): Produção de goma xantana utilizando xarope de glicose como fonte de carbono por *X. campestris.*

1.8. Produção de goma xantana utilizando extrato de gérmen de trigo por *X. campestris.*

A Tabela (11) e a Figura (13) mostram que o rendimento da goma xantana produzida em meio líquido não apresentou diferenças significativas entre os três tratamentos adoptados, tendo o rendimento máximo sido de 12 g/l de goma xantana. No entanto, em meio de ágar sólido, registou-se uma diferença significativa entre os tratamentos A e C, sem diferença em relação ao tratamento B. Em geral, os rendimentos em meio sólido foram fracos em comparação com os produzidos em culturas submersas. Assim, o rendimento mais elevado no meio sólido foi de 5 g/l.

Tabela (11): Produção de goma xantana utilizando extrato de gérmen de trigo como substrato por *X. campestris.*

Wheat germ treatments	Xanthan gum g/l	
	Liquid medium	Solid medium
A	9^a	5.00^a
B	12^a	3.33^{ab}
C	8^a	1.83^b

A: extrato de gérmen de trigo como substrato, B: extrato de gérmen de trigo com os outros conteúdos do meio de fermentação incluindo sacarose, C: extrato de gérmen de trigo com o meio de fermentação sem sacarose. Dados expressos como média de 2 réplicas. As médias com a mesma letra não são significativamente diferentes (P<0,05).

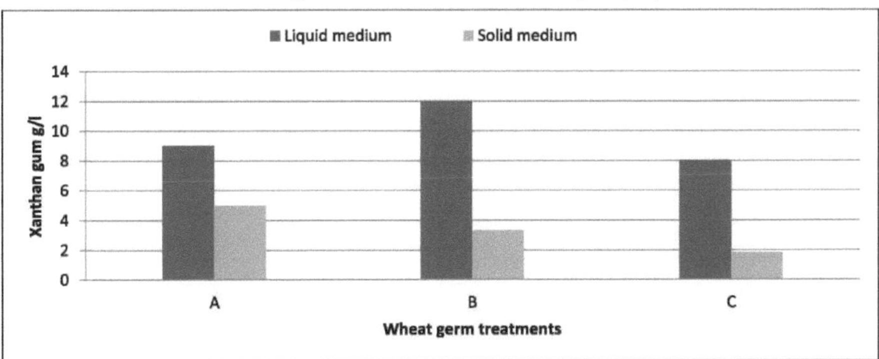

Figura (13): Produção de goma xantana utilizando extrato de gérmen de trigo como substrato por *X. campestris.* A: extrato de gérmen de trigo como substrato, B: extrato de gérmen de trigo com os outros conteúdos do meio de fermentação incluindo sacarose, C: extrato de gérmen de trigo com o meio de fermentação sem sacarose.

1. 9. Produção de goma xantana utilizando extrato de soja como substrato por *X. campestris.*

A Tabela (12) e a Fig (14) mostraram que o rendimento da goma xantana em meio líquido, tratamento B, foi significativamente maior do que o de A e C (P<0,05), mas não houve diferença significativa entre o rendimento de A e C. No entanto, em meio sólido

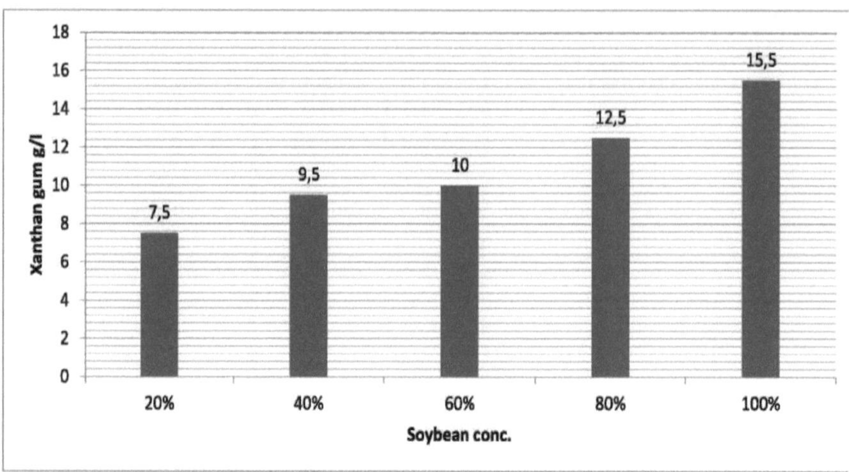

não se registaram diferenças significativas entre os três tratamentos.

Tabela (12): Produção de goma xantana utilizando extrato de soja como substrato por *X. campestris*

Soybean treatments	Xanthan gum g/L	
	Liquid medium	Solid medium
A	10^{b}	3.00^{a}
B	15^{a}	1.83^{a}
C	9^{b}	1.00^{a}

A: extrato de soja como substrato, B: extrato de soja com os outros conteúdos do meio de fermentação incluindo sacarose, C: extrato de soja com o meio de fermentação sem sacarose. Dados expressos como média de 2 réplicas. As médias com a mesma letra não são significativamente diferentes (P<0,05).

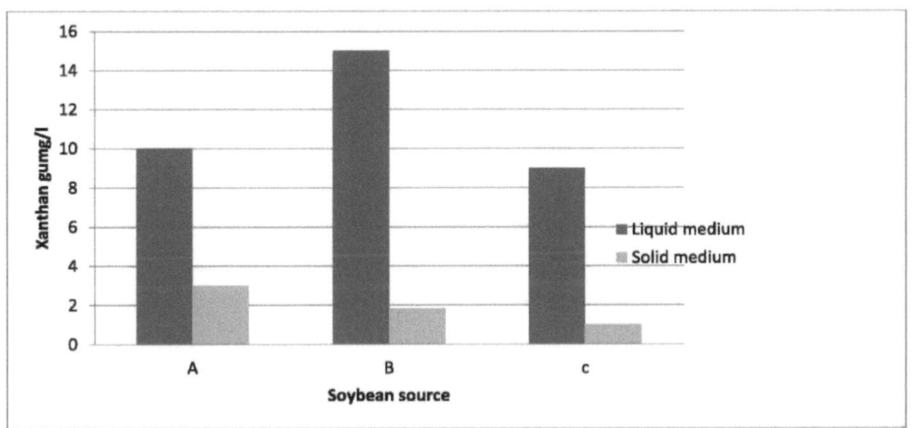

Figura (14): Produção de goma xantana utilizando extrato de soja como substrato por *X. campestris.* A:extrato de soja como substrato, B:extrato de soja com os outros conteúdos do meio de fermentação incluindo sacarose, C:extrato de soja com o meio de fermentação sem sacarose.

1.10. Produção de goma xantana utilizando a combinação de extrato de soja e xarope de glucose sem os outros conteúdos do meio de fermentação por *X. campestris.*

A Tabela (13) e a Figura (15) mostraram que o rendimento da goma xantana produzida pela concentração de (100%) do extrato de soja foi significativamente mais elevado do que o das outras concentrações (p < 0,05), sem diferença significativa entre as concentrações (40% e 60%).

Tabela (13): Produção de goma xantana utilizando a combinação de extrato de soja e xarope de glucose sem os outros conteúdos do meio de fermentação

Soybean extract conc. %	Xanthan gum g/l
20%	7.5^{d}
40%	9.5^{c}
60%	10.0^{c}
80%	12.5^{b}
100%	15.5^{a}

Dados expressos como média de 2 réplicas. As médias com a mesma letra não são significativamente diferentes (P<0,05).

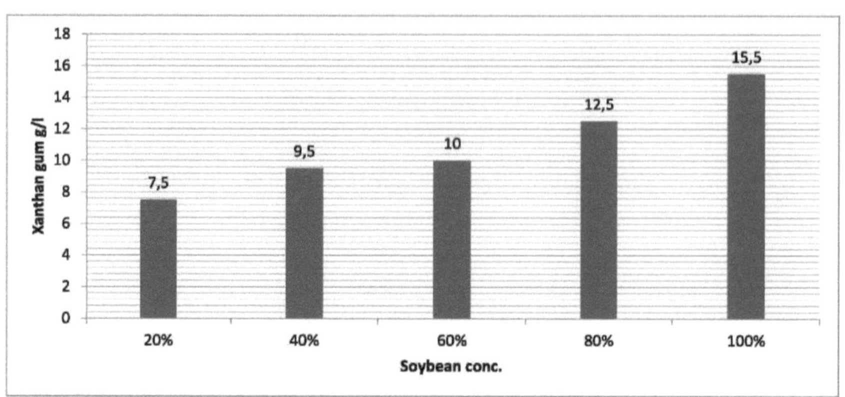

Figura (15): Produção de goma xantana utilizando a combinação de extrato de soja e xarope de glucose sem os outros conteúdos do meio de fermentação por X. *campestris*.

1.11. Produção de goma xantana utilizando a combinação de soja e xarope de glucose com os outros conteúdos do meio de fermentação.

A Tabela (14) e a Fig (16) mostraram que o rendimento de xantana do tratamento envolvido usando conc. (100%) de extrato de soja foi significativamente maior do que o das outras concentrações^ < 0,05), enquanto que o cone. 80% não mostrou diferença significativa com cone. 60% e 100%.

Tabela (14): Produção de goma xantana utilizando a combinação de extrato de soja e xarope de glucose com a adição dos outros conteúdos do meio de fermentação.

Soybean extract conc. %	Xanthan gum g/l
20%	7.0^d
40%	10.0^c
60%	12.0^b
80%	12.5^{ab}
100%	13.0^a

Dados expressos como média de 2 réplicas. As médias com a mesma letra não são significativamente diferentes (P<0,05).

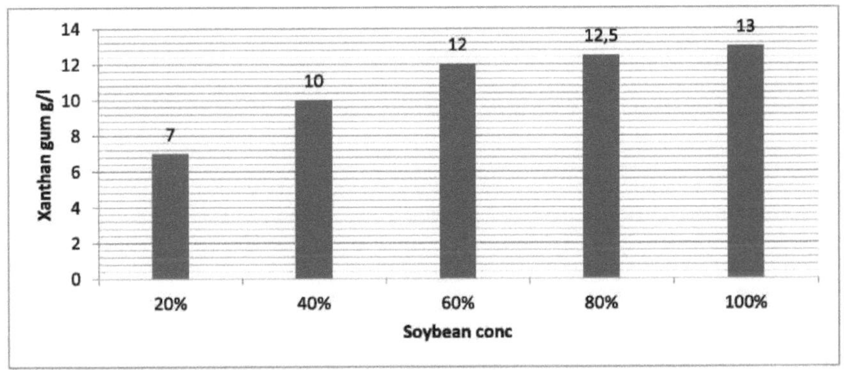

Figura (16): Produção de goma xantana utilizando a combinação de extrato de soja e xarope de glucose com adição de outros conteúdos ao meio de fermentação por X. *campestris.*

1.12. Produção de goma xantana utilizando extrato de gérmen de trigo com xarope de glucose sem adição dos outros conteúdos do meio por *X. campestris.*

A Tabela (15) e a Figura (17) mostraram que o rendimento da goma xantana do cone. 100% de gérmen de trigo foi significativamente mais elevado do que o das outras concentrações ($p < 0,05$) e, ao aumentar o cone do extrato de gérmen de trigo, o rendimento da goma xantana aumentou.

Tabela (15): Produção de goma xantana utilizando a combinação de extrato de gérmen de trigo e xarope de glucose sem o outro conteúdo do meio de fermentação por *X. campestris.*

Wheat germ conc. %	Xanthan gum g/L
20%	2.0[e]
40%	3.5[d]
60%	5.5[c]
80%	7.0[b]
100%	10[a]

Dados expressos como média de 2 réplicas. As médias com a mesma letra não são significativamente diferentes (P<0,05).

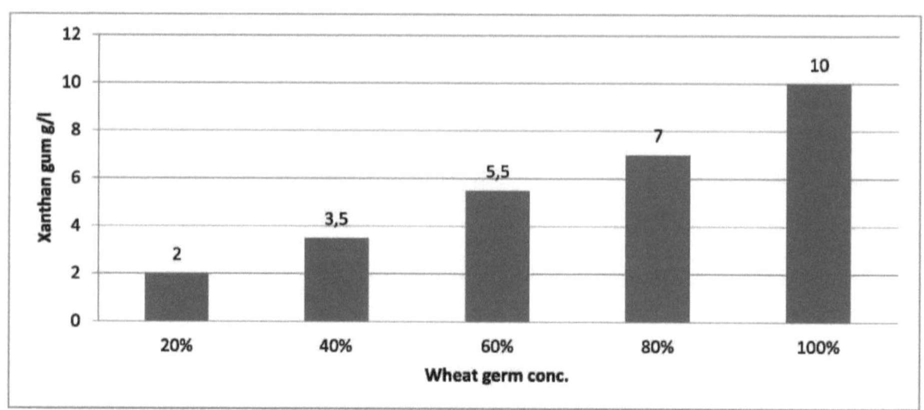

Figura (17): Produção de goma xantana utilizando a combinação de extrato de gérmen de trigo e xarope de glucose sem o outro conteúdo do meio de fermentação por *X. campestris*.

1.13. Produção de goma xantana utilizando a combinação de extrato de gérmen de trigo e xarope de glucose com os outros conteúdos do meio de fermentação por *X. campestris*.

A tabela (16) e a figura (18) mostram que o rendimento da goma xantana obtida a partir da utilização de uma concentração de 100% foi significativamente superior ao das outras concentrações de extrato de gérmen de trigo, tendo-se verificado um aumento gradual do rendimento com o aumento da concentração.

Tabela (16): Produção de goma xantana utilizando a combinação de extrato de gérmen de trigo e xarope de glucose com os outros conteúdos do meio de fermentação por *X. campestris*.

Wheat Germ conc. %	Xanthan gum g/l
20%	1.5[c]
40%	4.0[d]
60%	4.5[c]
80%	5.5[b]
100%	7.0[a]

Dados expressos como média de 2 réplicas. As médias com a mesma letra não são significativamente diferentes (P<0,05).

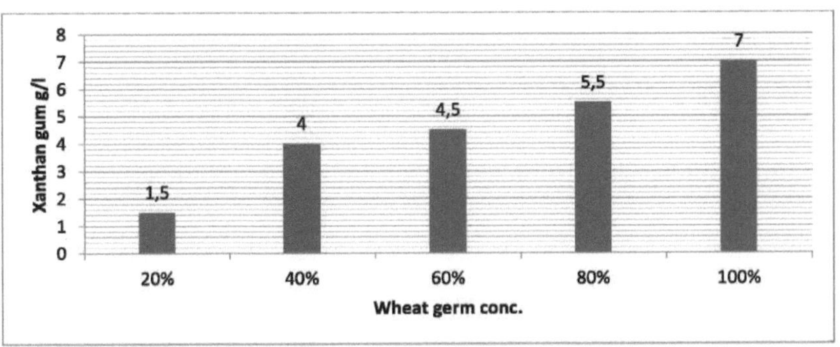

Figura (18): Produção de goma xantana utilizando a combinação de extrato de gérmen de trigo e xarope de glucose com os outros conteúdos do meio de fermentação por X. *campestris*.

1.14. Produção de goma xantana utilizando uma mistura de extrato de gérmen de trigo, extrato de soja e xarope de glucose sem adição dos outros conteúdos do meio de fermentação por *X. campestris*.

A Tabela (17) e a Figura (19) mostraram que o rendimento da goma xantana produzida utilizando cone de soja. 100% (tratamento D) foi significativamente superior ao dos outros tratamentos. Enquanto que os tratamentos que incluíam gérmen de trigo 50% com soja 50% (tratamento B) e gérmen de trigo 40% com soja 60% (tratamento E) tiveram um rendimento inferior ao dos outros tratamentos, sem diferença significativa entre os seus rendimentos.

Tabela (17): Produção de goma xantana utilizando uma mistura de extrato de gérmen de trigo, extrato de soja e xarope de glucose sem adição dos outros conteúdos do meio de fermentação por *X. campestris*.

Wheat germ with soybean conc. %	Xanthan gum g/l
A	10.966[b]
B	3.866[d]
C	8.933[c]
D	11.700[a]
E	3.833[d]

A: Gérmen de trigo 100%, B: Extrato de gérmen de trigo 50% com extrato de soja 50%, C: Extrato de gérmen de trigo 60% + extrato de soja 40%, D: Extrato de soja 100%, E: Extrato de gérmen de trigo 40% + extrato de soja 60%. As médias com a mesma letra não são significativamente diferentes (P<0,05).

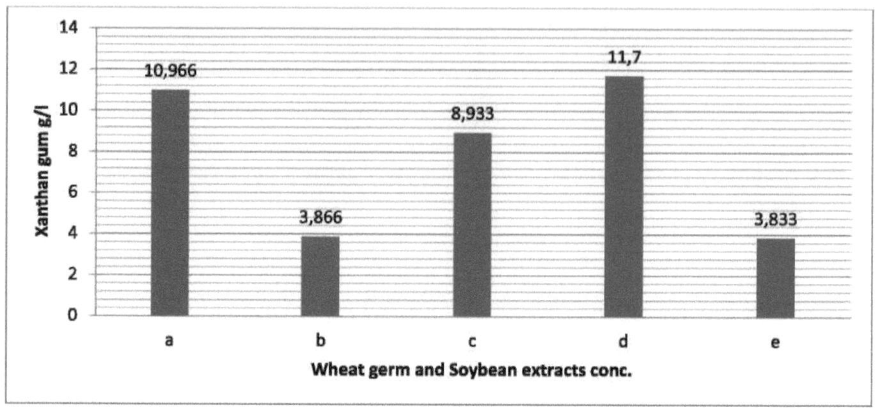

Figura (19): Produção de goma xantana utilizando uma mistura de extrato de gérmen de trigo, extrato de soja e xarope de glucose sem adição dos outros conteúdos do meio de fermentação. A: Gérmen de trigo 100%, B: Extrato de gérmen de trigo 50% com extrato de soja 50%, C: Extrato de gérmen de trigo 60% + extrato de soja 40%, D: Extrato de soja 100%, E: Extrato de gérmen de trigo 40% + extrato de soja 60%.

1.15. Produção de goma xantana utilizando soro de leite hidrolisado ácido suplementado com sacarose por *X. campestris*.

A Tabela (18) e a Figura (20) mostraram que o maior rendimento de xantana foi produzido com o uso do tratamento com ácido (5,5%), com um rendimento de 23 g/1. Enquanto os tratamentos (3,5%, 4,5%) produziram 18 g/1, o tratamento (1,5%) apresentou um rendimento significativamente menor do que os outros tratamentos e, portanto, produziu o menor rendimento de 13 g/1.

Tabela (18): Produção de goma xantana utilizando soro de leite hidrolisado ácido suplementado com sacarose por *X. campestris.*

Acid conc. %	Xanthan gum g/l
1.5	13[f]
2.5	14[e]
3.5	18[b]
4.5	18[b]
5.5	23[a]
6.5	17[c]
7.5	15[d]

lata expressa como média de 2 réplicas. Médias com a mesma letra não são significativamente diferentes (P< 0,05).

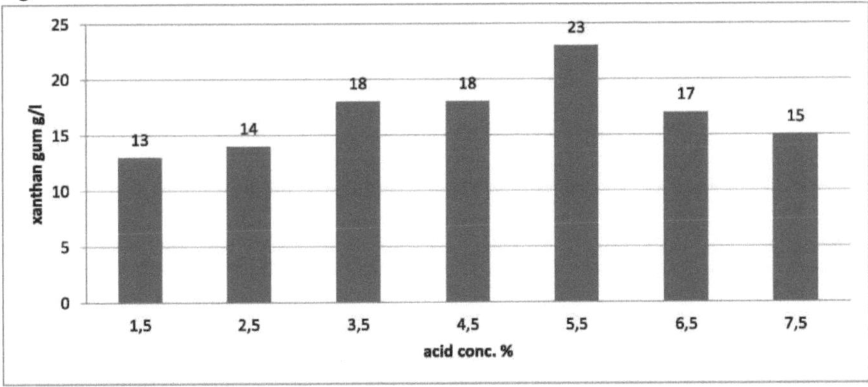

Figura (20): Produção de goma xantana utilizando soro de leite hidrolisado ácido suplementado com sacarose por X. *campestris.*

1.16. Produção de goma xantana em meio mineral de lactose pré-cultivado com *Lactobacillus rhamnosus.*

A Tabela (19) e a Figura (21) mostraram que, ao aumentar o período de incubação para *L. rhamnosuspre* cultivado em meio mineral de lactose, o rendimento diminuiu. Assim, o rendimento de xantana às 24 h foi significativamente maior do que após 48 h (p < 0,05). Além disso, a tabela (19) mostrou que, ao aumentar o período de incubação das bactérias do ácido lático, os valores de pH do meio de fermentação diminuíram na colheita de xantana. **Tabela (19):** Produção de goma xantana em meio mineral de lactose pré-cultivado com *Lactobacillus rhamnosus.*

Incubation period of *L. rhamnosus*	pH at harvest	Yield g/L
24h	5.41[a]	17.66[a]
48h	5.21[b]	4.33[b]

Dados expressos como média de 2 réplicas. As médias com a mesma letra não são significativamente diferentes (P<0,05).

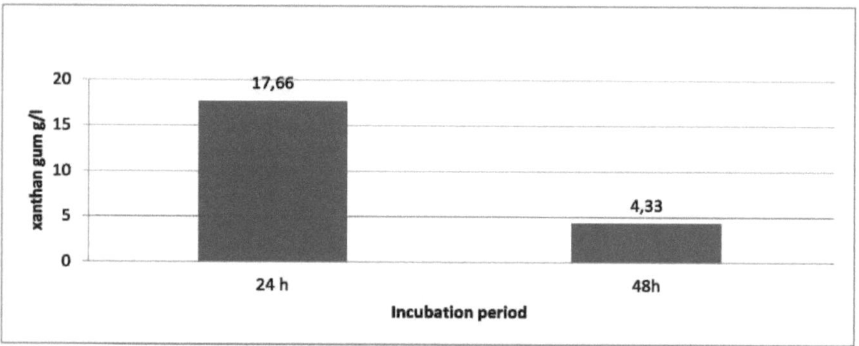

Figura (21): Produção de goma xantana em meio mineral de lactose pré-cultivado com *Lactobacillus rhamnosus.*

1.17. Produção de xantana utilizando xarope de glucose como fonte de carbono em fermentador de grande escala

A Tabela (20) e a Figura (22) mostraram que, ao aumentar o período de fermentação, o rendimento da biomassa e da goma xantana aumentou. Assim, após 48 h, o rendimento de goma xantana foi significativamente maior do que o produzido às 24 h (p < 0,05).

Tabela (20): Produção de xantana utilizando xarope de glucose como fonte de carbono num fermentador de grande escala.

Fermentation period	Yield g/l	
	Biomass	Xanthangum
Zero time	1.5[b]	0[c]
24h	1.8[ab]	7.333[b]
48h	2.56[a]	13.12[a]

Dados expressos como média de 2 réplicas. As médias com a mesma letra não são significativamente diferentes (P<0,05).

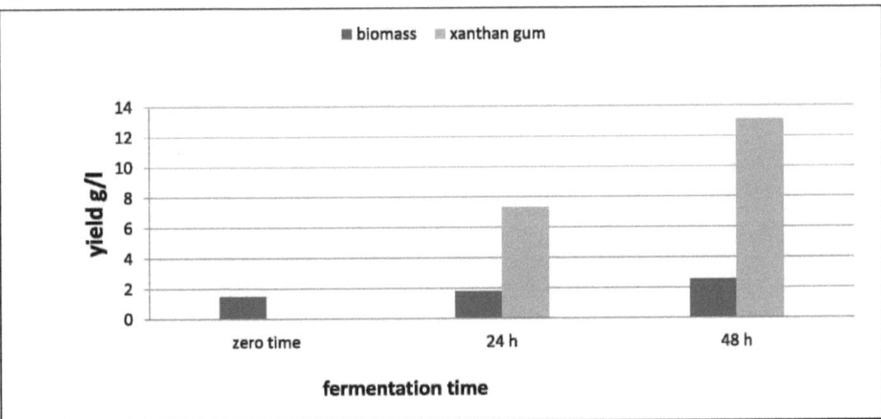

Figura (22): Biomassa e goma xantana durante o período de fermentação.

Figura (23): Produção de goma xantana em fermentador/biorreator de bancada BioFlo 310 de 7,5 L.

2) Aplicações da goma xantana.

2.10. Atividade antimicrobiana da goma xantana.

A tabela (21) mostrou que a goma xantana tem uma atividade antimicrobiana que inibiu o crescimento de alguns microrganismos patogénicos. Ao aumentar as concentrações de goma xantana, a zona de inibição foi aumentada. Foi detectado um diâmetro de zona de inibição de 3,2 cm com a utilização de 0,1% de solução de goma xantana, que foi maior do que o produzido com a utilização de 0,05% no caso da *Salmonella typhimuriumATCC* 14028. A xantana inibiu o crescimento de *Salmonella typhimuriumATCC* 14028, *Pseudomonas aeruginosa* ATCC 9027, *Listeria monocyte gene sN 7, Yersenia enterocolitica* ATCC 9610 e o fungo *Aspergillus flavus*.

Tabela (21): Atividade antimicrobiana da goma xantana

Strains	Conc. of Xanthan gum %	
	0.05	0.1
Pathogenic bacteria	Inhibition zone (cm)	
Escherichia coli	0	0
Bacillus cereus	0	0
Staphylococcus aureus	0	0
Salmonella typhimurium	1.5	3.2
Pseudomonas aeruginosa	1.3	2
Listeria monocytogenes	1.7	2.5
Yerseniaenterocolitica	1.3	1.8
Pathogenic fungi		
Aspergillusflavus	3	5.5
Aspergillusniger	0	0
Yeasts		
Candida albicans	0	0
Sacchromycescerevisiae	0	0

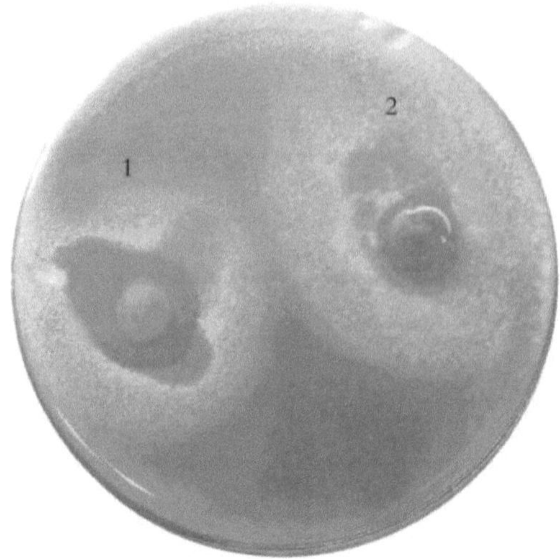

Figura (24):Zona de inibição produzida pela goma xantana (cone. 0,05% (2) e cone. 0,1% (1) com *Listeria monocytogenes.*

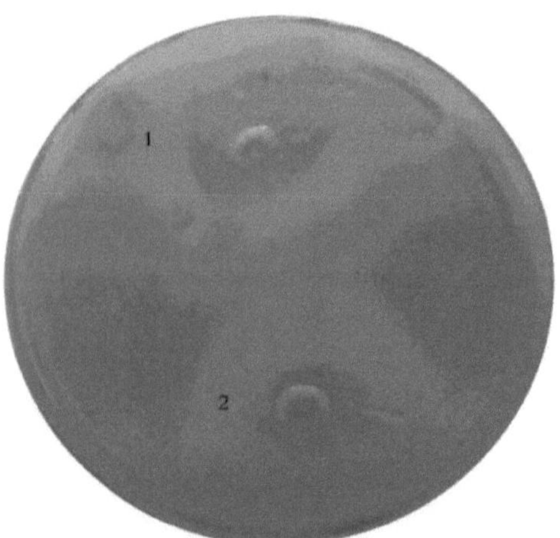

Figura (25):Zona de inibição produzida pela goma xantana (cone. 0,05% (2) e cone. 0,1% (1) com *Salmonella typhimurium.*

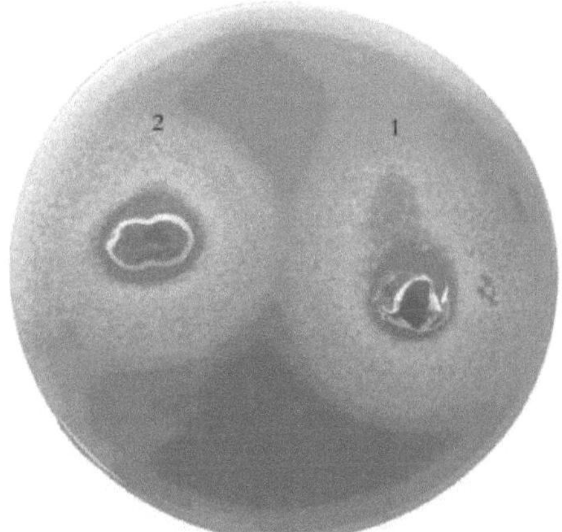

Figura (26):Zona de inibição produzida pela goma xantana (cone. 0,05% (2) e cone. 0,1% (1) com *Yerseniaenterocolitica*.

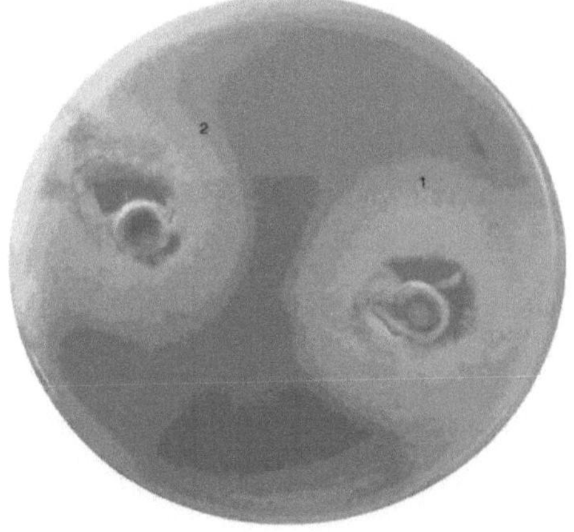

Figura (27):Zona de inibição produzida pela goma xantana (cone. 0,05% (1) e cone. 0,1% (2) com *Pseudomonas aeruginosa*.

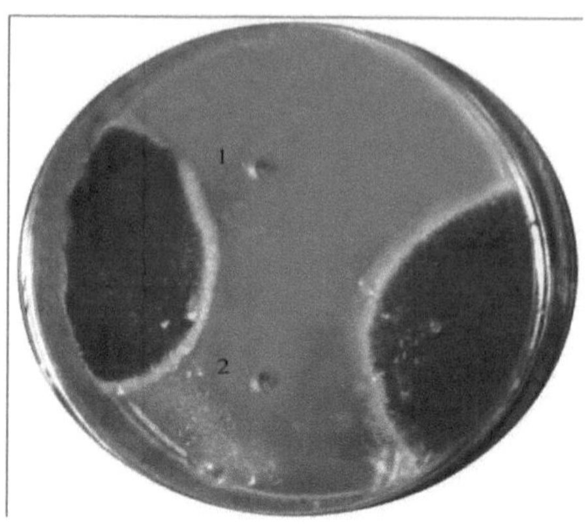

Figura (28):Zona de inibição produzida pela goma xantana (cone. 0,05% (2) e cone. 0,1% (1) com *Aspergillusflavus*.

2.11. Fabrico de queijo Karish utilizando goma xantana purificada como estabilizador:

2.2.1. Análise microbiológica

A análise microbiana do queijo Karish durante o período de armazenamento é apresentada nas Tabelas (22, 23 e 24). A viabilidade de *Lactobacillus dlebreuckii ssp. bulgaricus* diminuiu significativamente *(p< 0,05)* tanto na amostra de controlo como nas amostras de tratamento (0,01, 0,02, 0,03, 0,04 e 0,05% de goma xantana) após 5 dias de período de armazenamento (Tabela 22). No entanto, não houve efeito significativo $(p<0,05)$ na viabilidade de *Lactobacillus dlebreuckii ssp. Bulgaricus* entre os tratamentos de queijo, exceto quando se utilizou 0,05% de goma xantana, que mostrou uma diminuição significativa (p<0,05) na viabilidade de *Lactobacillus dlebreuckii ssp. bulgaricus* ($\log_{10}$ 7,9) em fresco ou após 15 dias ($\log_{10}$ 6,85), se comparado com o controlo e outros tratamentos de queijo (Tabela 22). Os dados representados na Tabela (23 e 24) mostraram a viabilidade de *Streptococcus thermophiles* e a contagem total de bactérias, respetivamente. A viabilidade de *Streptococcus thermophiles* diminuiu significativamente (p<0,05) após 10 dias de período de armazenamento em ambos os tratamentos de controlo e de queijo (Tabela 23). No entanto, não se registou um efeito significativo *(p< 0,05)* na viabilidade de *Streptococcus thermophiles* e na contagem total de bactérias quando se utilizou goma xantana.

Tabela (22): *Lactobacillus dlebreuckii ssp. bulgaricuscovnts* (log cfu/g) durante o período de armazenamento do queijo Karish

Samples / Storage Period	Control	Xanthan gum concentrations %				
		0.01	0.02	0.03	0.04	0.05
Fresh	8.45^{Aa}	8.6^{Aa}	8.8^{Aa}	8.5^{Aa}	8.68^{Aa}	7.92^{Ab}
5 days	8^{Bab}	7.89^{Bab}	8.2^{Ba}	7.9^{Bab}	7.92^{Ba}	7.6^{Abb}
10 days	7.96^{Ba}	7.79^{Bab}	7.97^{Ba}	7.79^{Bab}	7.79^{Bab}	7.5^{Bb}
15 days	7.2^{Cbc}	7.3^{Cab}	7.46^{Cab}	7.3^{Cab}	7.65^{Ca}	6.85^{Cc}

As médias com as mesmas letras maiúsculas na mesma coluna e as mesmas letras minúsculas na mesma linha não diferem significativamente (P<0,05).

Tabela (23): Contagens de *Streptococcus thermophilus* (log cfu/g) durante o período de armazenamento

Samples / Storage Period	Control	Xanthan gum concentrations %				
		0.01	0.02	0.03	0.04	0.05
Fresh	9.67^{Aa}	9.56^{Aa}	9.6^{Aa}	9.5^{Aab}	9.4^{Aab}	9.15^{Ab}
5 days	9.45^{Aab}	9.39^{Ab}	9.5^{Aa}	9.4^{Aab}	9.36^{Aab}	9.11^{Ab}
10 days	8.28^{Ba}	8.11^{Ba}	8.3^{Ba}	8.3^{Ba}	8.15^{Ba}	8.1^{Ba}
15 days	7.47^{Ca}	7.04^{Cb}	7.3^{Cab}	7.3^{Cab}	7.52^{Ca}	7^{Cb}

Médias com as mesmas letras maiúsculas na mesma coluna e as mesmas letras minúsculas na mesma linha não apresentam diferenças significativas (p<0,05).

Tabela (24): Contagem total de bactérias (log cfu/g) durante o período de armazenamento

Storage Period \ Samples	Control	Xanthan gum concentrations %				
		0.01	0.02	0.03	0.04	0.05
Fresh	8.2^{Abc}	8.5^{Aab}	8.8^{Aab}	8.9^{Aa}	8.8^{Aab}	8.3^{Ab}
5 days	8.1^{Aa}	8.11^{ABa}	8.3^{Aba}	8.1^{Ba}	8.2^{Ba}	7.9^{Aba}
10 days	8^{Aa}	8.1^{ABa}	8.3^{Aba}	8.1^{Ba}	8.1^{Ba}	7.9^{Aba}
15 days	7.8^{Aa}	7.9^{Ba}	8^{Ba}	8^{Ba}	7.9^{Ba}	7.5^{Ba}

As médias com as mesmas letras maiúsculas na mesma coluna e as mesmas letras minúsculas na mesma linha não diferem significativamente (P<0,05).

2.2.2. Análise química do queijo Karish

As alterações dos valores de pH do queijo Karish com diferentes concentrações de goma xantana e do controlo são apresentadas na Tabela (25). A partir dos dados apresentados na tabela (25), os valores de pH do queijo Karish com diferentes concentrações de goma xantana foram mais elevados do que o queijo de controlo, quer quando fresco, quer durante o período de armazenamento (5° C/ 15 dias), exceto para o queijo Karish feito com 0,02% de goma xantana. No entanto, os valores de pH de todas as amostras de queijo Karish diminuíram gradualmente durante o período de armazenamento. **Tabela (25):** Alterações no pH do queijo Karish contendo diferentes concentrações de EPS durante o armazenamento

Samples (conc. of xanthan gum%)	pH during storage		
	Fresh	7 day	15 days
Control (0.00)	4.45^{Da}	4.32^{Cb}	4.19^{Ec}
0.01	4.57^{Ba}	4.51^{Bb}	4.40^{CBc}
0.02	4.35^{Ea}	4.31^{Cab}	4.28^{Db}
0.03	4.51^{Ca}	4.49^{Bab}	4.44^{Bb}
0.04	4.60^{Ba}	4.58^{Aa}	4.50^{Ab}
0.05	4.67^{Aa}	4.54^{ABb}	4.48^{Abc}

Médias com as mesmas letras maiúsculas na mesma coluna e as mesmas letras minúsculas na mesma linha não apresentam diferença significativa (p<0,05).

Para melhorar as propriedades do queijo Karish com baixo teor de gordura, foi utilizada goma xantana em diferentes concentrações (0,01, 0,02, 0,03, 0,04 e 0,05) no fabrico do queijo. Os dados da Tabela (26) mostram a análise química e o rendimento do queijo Karish fresco. O rendimento do queijo Karish (rendimento real do queijo, expresso em kg de queijo obtido por 100 kg de leite) foi afetado pelo aumento da concentração de goma xantana. Além disso, verificou-se que o maior rendimento foi observado com a utilização de 0,04 ou 0,05% de goma xantana (26 ou 29% de rendimento, respetivamente) em comparação com o controlo (24,6% de rendimento). No entanto, o controlo baseado no rendimento (22,9% TS), não foi significativamente diferente. A partir do anterior, naturalmente a humidade do queijo aumentou com o aumento da concentração de goma xantana e atingiu 80 e 81,5% no queijo Karish feito com 0,04 e 0,05% de goma xantana, respetivamente, contra 76,8% para o controlo Tabela (26). O teor de sólidos totais (S.T.) das amostras de queijo fresco foi de 22,90, 22,68, 22,79, 22,49, 20,0 e 18,85% para o controlo, 0,01, 0,02, 0,03, 0,04 e 0,05% de goma xantana, respetivamente (Tabela 26). Os dados mostraram que os sólidos totais diminuíram com o aumento da concentração de goma xantana. O valor mais baixo de S.T. foi observado quando se utilizou uma concentração de goma xantana de 0,04 ou 0,05%. A recuperação de proteínas do queijo Karish aumentou significativamente com o aumento da concentração de goma xantana (Tabela 26). A recuperação máxima de proteínas (78,3 e 78,13%) foi registada com a utilização de 0,04 ou 0,05% de goma xantana, respetivamente, em comparação com o controlo. Pelo contrário, a proteína total diminuiu ligeiramente (11,90 e 10,57%) com o aumento da concentração de goma xantana (0,04 ou 0,05%, respetivamente). A partir da mesma tabela, o teor de cinzas das amostras frescas foi de 1,1, 1,3, 1,7, 1,4, 1,3 e 1,2% para o controlo e para o queijo karish feito com diferentes concentrações de goma xantana 0,01, 0,02, 0,03, 0,04 e 0,05%, respetivamente. Os resultados indicaram que o teor de cinzas era significativamente elevado (1,7%) no queijo karish fabricado com 0,02% de goma xantana. Por outro lado, não houve diferença significativa no teor de cinzas entre o controlo e os outros tratamentos. A proporção de gordura em todas as amostras não mostrou diferença significativa, e variou entre 1,7 e 2,0%.

Tabela (26): Análise química do queijo Karish

Treatments (Xanthan gum conc. (%))	Yield (%)	Yield based control (22.9% TS)	Total solids (%)	Total proteins (%)	Fat	Ash	Moisture	Protein recovery (%)
Control	24.6 [b]	24.6 [a]	22.90 [a]	12.26 [a]	1.8 [bc]	1.1b [c]	76.8 [b]	76.36 [ab]
0.01	23.8 [b]	23.6 [a]	22.68 [a]	12.46 [a]	1.7 [c]	1.3 [b]	79.2 [a]	75.08 [b]
0.02	22.9 [b]	22.9 [a]	22.79 [a]	13.14 [a]	1.7[c]	1.7[a]	77.4 [ab]	76.18 [ab]
0.03	24.2 [b]	23.8 [a]	22.49 [a]	12.48 [a]	1.9b[c]	1.4 [b]	78.2 [a]	76.30 [ab]
0.04	26.0 [ab]	22.7 [a]	20.0 [ab]	11.90[ab]	1.7 [c]	1.3 [b]	80 [a]	78.32 [a]
0.05	29.2 [a]	24.0 [a]	18.85 [b]	10.57 [b]	2.0[bc]	1.2 [bc]	81.5 [a]	78.13 [a]

As médias com as mesmas letras minúsculas não apresentam diferenças significativas (P<0,05)

2.2.3 Análise de textura

Foram determinados vários parâmetros de textura (dureza, coesão, elasticidade, gomosidade e mastigabilidade) no queijo Karish fabricado com ou sem diferentes concentrações de goma xantana (0,01, 0,02, 0,03, 0,04 e 0,05%) em fresco ou após 15 dias de período de armazenamento (Tabela 27). Em geral, todos os parâmetros do perfil de textura para o controlo e para o queijo Karish fabricado com goma xantana aumentaram ao longo do período de armazenamento. No entanto, os resultados revelaram que os valores de dureza e coesividade diminuíram significativamente (p<0,05) com o aumento da concentração de goma xantana após 15 dias de armazenamento, em comparação com o controlo. Pelo contrário, não houve diferenças significativas entre o controlo e os tratamentos de queijo Karisk nos valores de elasticidade quando frescos ou após 15 dias de período de armazenamento, exceto o queijo Karish feito com 0,05% de goma xantana, que exibiu um aumento significativo no valor de elasticidade após 15 dias, se comparado com o controlo (Tabela 27). No entanto, os resultados de Gumminess e Chewiness não mostraram valores significativamente diferentes entre o controlo e os tratamentos de queijo Karisk após 15 dias de período de armazenamento.

Tabela (27): Parâmetros de análise da textura do queijo Karish com diferentes concentrações de goma xantana

Samples (xanthan conc.%)	Storage Period (Days)	Hardness (Newton)	Cohesiveness (Aeraa)	Springiness (m.m)	Gamminess (kg)	Chewiness (Newton / m.m)
Control	Fresh	14^{D}	0.568^{D}	0.619^{C}	4.829^{G}	3.365^{E}
	15	28^{A}	1.799^{A}	0.691^{B}	16.07^{BC}	9.951^{B}
0.01	Fresh	13.5^{DE}	0.564^{D}	0.666^{BC}	5.889^{FG}	4.198^{D}
	15	26.6^{A}	1.458^{B}	0.676^{B}	9.06^{DE}	6.03^{CD}
0.02	Fresh	11^{E}	0.545^{D}	0.667^{BC}	6.426^{EFG}	4.441^{D}
	15	20.2^{B}	1.256^{C}	0.699^{AB}	15.00^{C}	12.00^{B}
0.03	Fresh	10.2^{EF}	0.630^{D}	0.671^{BC}	8.194^{E}	5.335^{D}
	15	19.6^{BC}	0.677^{D}	0.703^{AB}	15.26^{A}	12.36^{B}
0.04	Fresh	8.7^{EF}	0.533^{D}	0.697^{AB}	7.952^{EF}	6.170^{CD}
	15	17^{C}	0.610^{D}	0.713^{AB}	16.038^{BC}	10.532^{B}
0.05	Fresh	8.2^{F}	0.589^{D}	0.702^{AB}	11.09^{D}	7.496^{C}
	15	12.8^{DE}	0.607^{D}	0.753^{A}	17.08^{B}	10.69^{B}

Médias com as mesmas letras maiúsculas não são significativamente diferentes (p<0,05).

2.2.4. *Avaliação sensorial*

As avaliações sensoriais do queijo Karish quando fresco e durante o período de armazenamento foram apresentadas na Tabela (28). Os resultados revelaram que tanto as concentrações de goma xantana como o período de armazenamento afectaram a avaliação sensorial do queijo Karish. Verificou-se um aumento e uma diminuição significativos dos valores do sabor e da textura do corpo, respetivamente, no queijo Karish fabricado com goma xantana, em comparação com o controlo. No entanto, os resultados mostraram que o queijo Karish fabricado com 0,04 e 0,05% de goma xantana tinha uma pontuação de aceitabilidade elevada em comparação com o controlo após 7 dias de armazenamento.

Samples	Storage period (Days)	Flavor (50 points)	Body and texture (40 points)	Appearance (10 points)	All acceptability (100 points)
Control	Fresh	46^a	38^a	8^a	92^a
	7	43^b	35^b	7^{ab}	85^b
	15	42^b	33^b	6^b	81^b
0.01	Fresh	46^a	38^a	8^a	92^a
	7	43^b	35^b	7^a	85^b
	15	40^c	33^b	7^a	80^b
0.02	Fresh	47^a	38^a	8^a	93^a
	7	45^{ab}	36^{ab}	7^a	88^{ab}
	15	43^b	34^b	7^a	84^b
0.03	Fresh	48^a	37^a	8^a	93^a
	7	46^a	35^{ab}	7^a	88^{ab}
	15	43^b	34^b	7^a	84^b
0.04	Fresh	48^a	37^a	9^a	94^a
	7	47^{ab}	35^{ab}	8^{ab}	90^{ab}
	15	45^b	34^b	7^b	86^b
0.05	Fresh	49^a	37^a	9^a	95^a
	7	47^{ab}	35^a	8^{ab}	90^{ab}
	15	45^b	35^a	7^b	87^b

Médias com as mesmas letras minúsculas não são significativamente diferentes ($p<0,05$).

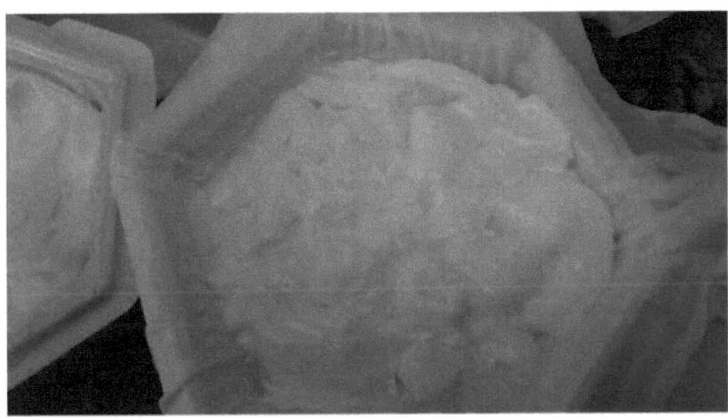

Figura (29): Queijo Karish durante o seu fabrico.

3) Análise química da goma xantana

Tabela (29): Composições químicas da goma xantana produzida por *Xanthomonascampestris* a partir de xarope de glicose como fonte de carbono em processo fermentativo.

Test	Concentration
Glucose (%)	31.8
Mannose (%)	24.7
Glucoronic acid (%)	4.37
Acetate (%)	4.75
Pyruvate (%)	2.93

A composição química da goma xantana produzida por *Xanthomonascampestris a partir* da utilização de xarope de glucose como fonte de carbono no processo de fermentação foi caracterizada em termos de glucose, manose, ácido glucorónico, piruvato e acetato, em que a composição de hidratos de carbono da xantana extraída do meio suplementado com xarope de glucose é composta por três açúcares neutros que foram separados em diferentes mobilidades relativas (RF). A tabela (29) mostra que a concentração destes termos.

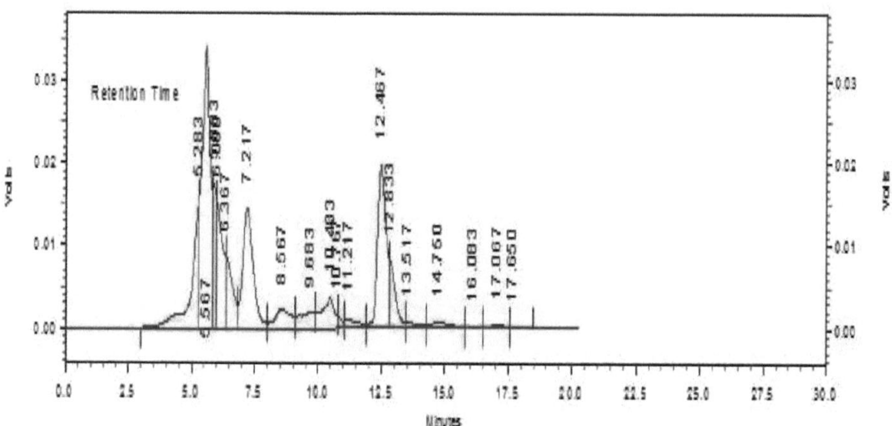

Figura (30): Espectros de cromatografia líquida de alta eficiência (HPLC) da xantana purificada após hidrólise

CAPÍTULO 5

DISCUSSÃO

Para crescerem e se reproduzirem, as células têm de ingerir os nutrientes necessários para fabricar membranas, proteínas, paredes celulares, cromossomas e outros componentes. O facto de diferentes células utilizarem diferentes fontes de carbono e de energia mostra claramente que nem todas as células possuem a mesma maquinaria química interna. As diferentes fases de crescimento e a alteração do meio de crescimento, por exemplo, através da utilização de diferentes substratos e nutrientes limitantes, não influenciam a estrutura primária da espinha dorsal, mas afectam a estrutura das cadeias laterais, a massa molecular e o rendimento, pelo que a goma xantana produzida a partir de um processo de cultura em descontínuo representaria uma mistura produzida em diferentes fases de crescimento e poderia variar com diferentes condições de cultura **(Davidson, 1978 e Letisse *et al.*, 2001)**. Uma vez que diferentes culturas exigiriam diferentes meios e condições óptimas, este trabalho foi realizado para otimizar a produção de goma xantana utilizando diferentes fontes de carbono e azoto. Também se utilizaram extractos naturais, incluindo o extrato de soja, o extrato de gérmen de trigo e a combinação de ambos os extractos com sacarose ou xarope de glucose para otimizar a produção de goma xantana. Assim, a atual produção industrial de goma xantana é geralmente realizada num meio que proporciona um compromisso entre as concentrações necessárias para o crescimento celular e para a formação de goma xantana. 1) **O efeito de diferentes fontes de carbono na produção de goma xantana.**

No presente estudo, verificou-se que a melhor fonte de carbono para a produção de goma xantana era a sacarose, tanto em meio de ágar líquido como em meio de ágar sólido, que permitia uma produção de 21,6 e 13 g/l, respetivamente, a uma temperatura óptima. Estes resultados estão de acordo com **Harding *et al.* (1995)**, que referiram que a sacarose proporcionou o rendimento mais elevado (peso seco), 11,9 g/l, seguido da glucose, que permitiu uma produção de 10,8 g/l. **Souw e Demain (1979)** referiram que a sacarose é o melhor substrato para a produção de goma xantana e indicaram que o succinato e o 2-oxoglutarato têm efeitos estimulantes na produção de goma xantana em meio à base de sacarose. Noutros relatórios, **Saied *et al.* (2002)** afirmaram que a sacarose deu o maior rendimento seguido da glucose. No entanto, **Zhang e Chen (2010)** referiram que a glucose era a fonte de carbono preferida para a produção de goma xantana. Do mesmo modo, **Leela e Sharma (2000)** referiram que a glucose, a melhor fonte de carbono, deu o rendimento mais elevado (peso seco) 14,744 g/1, seguida da sacarose (13,234 g/1) e da maltose (12,321 g/1).

2) **O efeito de diferentes fontes de azoto orgânico e inorgânico na produção de goma xantana.**

O azoto, um nutriente essencial, pode ser fornecido como um composto orgânico ou como uma molécula inorgânica. A melhor fonte de azoto inorgânico no presente estudo foi $(NH)HPO_{424}$, tanto para o meio líquido como para o meio de ágar, e estes resultados estão de acordo com os relatados por **Qadeer e Baig (1989)**, que referiram que o nitrato de sódio e o fosfato de amónio eram nutrientes azotados mais eficazes na formação de goma xantana. Resultados semelhantes foram também registados por **Murad (1993). Letissee/ _al._ (2001)** referiram que duas fontes de azoto contendo $NH_4 Cl$ ou $NaNo_3$ apresentaram uma taxa de crescimento celular mais lenta a 0,07 h^1 do que o cloreto de amónio a $0,13b^{'1}$. O cloreto de amónio foi, por conseguinte, um melhor substrato para a acumulação de biomassa, enquanto os rendimentos da goma xantana foram mais elevados com a utilização de nitrato como fonte de azoto. Por outro lado, a peptona foi a melhor fonte orgânica, o que está de acordo com **Mohan e Babitha (2010),** que referiram que a peptona apresentou a maior produção de polímeros em comparação com outras fontes de azoto. Outras experiências com peptona e extrato de levedura mostraram claramente que a peptona era mais eficaz como fonte de azoto apenas nas propriedades reológicas da cultura produtora de xantana **(RoseiroeZ _al.,_ 1992).Lo _et al._ (1997b)** utilizaram uma concentração moderadamente elevada de extrato de levedura no meio para atingir uma densidade celular elevada antes de a cultura entrar na fase estacionária. **Letisse _et al._ (2001)** referiram que o início do crescimento era fraco com a utilização de fontes de azoto mineral, mas que podia ser melhorado com a utilização de azoto orgânico (por exemplo, hidrolisado de farinha de soja).

3) **O efeito de diferentes fontes de aminoácidos na produção de goma xantana.**

Os péptidos e os aminoácidos mais simples são responsáveis pelo aumento da síntese de EPS, bem como pela manutenção do catabolismo da lactose em glucose e galactose e pela biossíntese de EPS, tal como descrito por **De vuyst e Degeest (1999)**. Os resultados mostraram que a utilização do aminoácido cistina num meio com sacarose e peptona aumentou o rendimento da goma xantana para 35 g/1 em meio líquido, em comparação com os outros aminoácidos nas mesmas condições. Por outro lado, o aminoácido alanina com sacarose e peptona em meio de ágar deu um rendimento de goma xantana que atingiu 7,5 g/1. **Behravan *et al.* (2003)** estudaram a otimização da produção de dextrano por *Leuc. Mesentroides* NRRL B-512 utilizando farelo de trigo como fonte barata e local de hidratos de carbono e de azoto e que contém aminoácidos e vitaminas. A produção mais elevada de dextrano foi observada em culturas com uma concentração inicial de 15 g de extrato de farelo de trigo/100 ml de meio de cultura. **Souw e Demain (1979)** afirmaram que a melhor fonte de azoto para a produção de goma xantana era o glutamato a uma concentração de 15 mM. As concentrações mais elevadas inibem o crescimento. **Grobben *et al.* (1998)** referiram que a maioria dos aminoácidos era essencial para o crescimento de *Lb. delbrueckii* subsp. *bulgaricus* NCFB2772. Esta estirpe não cresceu num meio quimicamente definido se todos os componentes que não eram individualmente necessários fossem omitidos. Por exemplo, uma única omissão de ácido aspártico, ácido glutâmico ou glicina resultou num bom crescimento da estirpe, enquanto o crescimento foi fraco quando estes três aminoácidos estavam todos ausentes. A omissão de um ou vários aminoácidos não teve qualquer efeito sobre a produção de EPS relativamente ao crescimento celular. O aumento da produção e do crescimento de xantana observado utilizando melaço como substrato é provavelmente atribuído em parte à elevada disponibilidade de aminoácidos, especialmente glutamato, no melaço **(Kalogiannis *et al.*, 2003)**.

4) O efeito de sistemas tampão na produção de goma xantana por *X. campestris.*

Os resultados indicaram que, utilizando um tampão de fosfato para manter o pH a 6 e 7, o rendimento foi o mais elevado, atingindo 27 e 30 g/1, respetivamente. O valor do pH diminuiu durante o período de fermentação devido à formação de ácidos orgânicos. Se o pH for inferior a 5,0, a formação de xantana diminui drasticamente. Assim, foi necessário controlar o meio de fermentação a um pH ótimo de 7, utilizando um tampão ou adicionando uma base durante o processo **(Borges *et al.*, 2008)**. A maioria dos autores **(PsomaseZ *al.*, 2007; Kerdsupel *al.*, 2011; Silva *et al.*, 2009; Gumusel *al.*, 2010)** concordaram que o pH neutro é o valor ótimo para o crescimento de *X. campestris* durante a produção de xantana.Esgalhadoef *al.* **(1995)** mostraram que o pH ótimo para o crescimento da cultura foi de 6-7,5 e o pH ótimo para a produção de xantana foi de 7-8.

5) Produção de goma xantana utilizando melaço de beterraba com diferentes fontes de azoto.

O melaço é um co-produto da produção de açúcar, tanto da beterraba sacarina como da cana-de-açúcar **(Higginbotham e McCarthy, 1998).** Embora o melaço de beterraba contenha normalmente a maior parte das substâncias necessárias para a nutrição dos microrganismos, dependendo da fermentação, pode ser suplementado com certos componentes como o azoto, o fósforo ou o magnésio **(Stoppock e Buccholz, 1996; Kalagionnis *et al.*, 2003).**

No presente estudo, a utilização de (NH) HPO_{424} ou popteno como fonte de azoto com K HPO_{24} e $CaCo_3$ sem adicionar o outro conteúdo do meio de fermentação de manjericão ($MgSO_4$.$7H_2$ O e cistina) mostrou que não havia diferença significativa na produção de xantana tanto em meio líquido como em meio de ágar. No entanto, estes resultados não coincidem com os obtidos por outros investigadores neste domínio **(AbdElsalam *et al.*, 1994).** Este facto pode ser atribuído à presença de uma concentração elevada de fonte de azoto, que teve um efeito negativo na produção de xantana e de biomassa, provavelmente porque o teor de azoto orgânico no melaço é suficiente para suportar o crescimento de *X. campestris*, enquanto que um aumento adicional por adição de fonte de azoto teve um efeito negativo. Estes resultados concordam com **Kalogiannis *et al.* (2003)** que utilizaram extrato de levedura como fonte de azoto. Isto também é apoiado por resultados anteriores que indicaram o efeito inibitório de concentrações elevadas de azoto tanto no crescimento como na produção de goma xantana **(Garcia-ochoa *et al.*, 1992).** No entanto, verificou-se um efeito positivo do K HPO_{24} como fonte de fósforo para a produção de goma xantana e como agente tampão que reduz as flutuações de pH da cultura produtora de xantana.

6) Produção de goma xantana utilizando xarope de glucose como fonte de carbono.

A utilização de xarope de glucose como fonte de carbono no meio de fermentação mostrou que o rendimento de xantana atingiu 8 g/1 em meio líquido e 4,83 em meio de ágar sólido. Estes resultados foram provavelmente concordantes com **Hull (2010),** que referiu que a goma xantana foi produzida pela fermentação de xarope de glucose utilizando *X.campestris*. Da mesma forma, **Moosavi-Nasab *et al.* (2010)** relataram que a produção de xantana por *X.*

campestris aumentou com o aumento do período de fermentação e atingiu um valor máximo de 0,89 g/100 ml em xarope de tâmara e 0,18 g/100 ml em xarope de açúcar após 96 h. Resultados semelhantes também foram relatados por **Salah *et al.* (2010).**

7) **Produção de goma xantana utilizando soro de leite hidrolisado ácido suplementado com sacarose.**

Devido ao baixo nível de 0-galactosidase presente em *X. campestris,* a bactéria não pode usar a lactose como uma fonte eficiente de carbono. Consequentemente, *a X. campestris* cresce mal e produz pouca goma xantana num meio que contém lactose como única fonte de carbono **(Frank e Somkuti, 1979; Fu e Tseng, 1990).** Foram introduzidas algumas tentativas para a produção de goma xantana em meio de lactose ou soro de leite, por exemplo, utilizando *X. campestris* geneticamente modificada através de elementos transponíveis e outras técnicas de biotecnologia microbiana. No presente estudo, foram utilizadas diferentes concentrações de ácido clorídrico para hidrolisar a lactose no soro de leite em glucose e galactose para serem fermentadas em goma xantana. Os resultados mostraram que o cone. 5,5 % de ácido clorídrico resultou numa hidrólise eficaz do soro de leite e deu um rendimento de goma xantana de 23 g/1.

Lin e Nickerson (1977) estudaram a hidrólise ácida da lactose no soro de leite e referiram que a hidrólise ácida do soro de leite concentrado com ácido sulfúrico produziu uma reação mais acastanhada e um sabor desagradável. Este facto pode dever-se à utilização de uma concentração elevada de ácido no processo de hidrólise, o que levou a uma diminuição do rendimento da xantana. Assim, foi necessária uma concentração óptima de ácido no processo de hidrólise para produzir um rendimento elevado de xantana.

Coughlin e Nickerson (1975) relataram que a lactose no soro de queijo fresco cottage e soluções aquosas foi hidrolisada com sucesso usando 0,5, 1,

2,3 Ácido clorídrico normal a 50, 60 e 70 $^{\circ}$C e referiu que as reacções secundárias indesejáveis foram minimizadas ao realizar a hidrólise a temperaturas inferiores a 100°C.

8) **Produção de goma xantana em meio mineral de lactose pré-cultivado com *Lactobacillus rhamnosus.***

Outra abordagem para resolver o problema do baixo nível de 0-galactosidase presente em *X. campestris* envolveu a utilização de meio mineral de lactose pré-cultivado com

Lactobacillus rhamnosus. Este microrganismo poderia produzir 0-galactosidase para converter a lactose em glucose e galactose, que são adequadas para a *X. campestris* produzir goma xantana com um rendimento elevado.

Os resultados mostraram que, ao aumentar o período de incubação de *Lactobacillus rhamnosus,* o rendimento diminuiu. Estes resultados podem ser atribuídos à conversão da maior parte da lactose em ácido lático e ao consumo dos açúcares librados com *Lactobacillus rhamnosus.* **Carevic *et al.* (2014)** estudaram a otimização da produção de 0-galactosidase a partir de bactérias do ácido lático. Ele relatou que após a triagem de várias bactérias do ácido lático. Verificou-se que o maior rendimento enzimático foi obtido a partir de *Lactobacillius acidophilus ATTCC 4356* após 2 dias, utilizando uma cultura em frasco agitado contendo caldo MRS modificado com 2,5 % de lactose como única fonte de carbono.

9) Produção de goma xantana utilizando extrato de gérmen de trigo.

Os resultados da Tabela (11) não mostraram diferenças significativas no rendimento da goma xantana em meio líquido para todos os tratamentos, mas houve um pequeno aumento no rendimento no caso do tratamento B (extrato de gérmen de trigo com os outros conteúdos do meio de fermentação, incluindo sacarose). Este facto pode ser atribuído à presença de sacarose no meio, que pode favorecer o crescimento de *Xanthomonas campestris*.

Foram efectuados alguns estudos para a produção de alguns produtos microbianos utilizando hidrolisado de produtos naturais, por exemplo, **Hofvendanl e Hahn-Hligerdal (1997)** produziram ácido L-lático a partir de hidrolisado de farinha de trigo integral utilizando estirpes de *Lactobacilos* e *Lactococos*.

Do mesmo modo, **Shamala e Sreekantiah (1987)** cultivaram *L.plantarum* em amidos com farelo de trigo hidrolisado como fonte de nutrientes, enquanto **Linko e Javanainen (1996)** produziram ácido lático a partir de farinha de cevada sem nutrientes adicionais. **Kedar e Bholay (2014)** relataram que a goma xantana pode ser produzida usando farelo de trigo como substrato em sistema de fermentação em lote.

10) Produção de goma xantana utilizando extrato de soja.

Os resultados da Tabela (12) mostraram que o rendimento da goma xantana no tratamento B (extrato de soja com os outros conteúdos do meio de fermentação, incluindo sacarose) foi significativamente mais elevado do que os outros tratamentos, provavelmente devido à presença de sacarose suplementada no meio. Em estudos semelhantes, alguns produtos naturais foram utilizados como substratos para a produção de produtos microbianos. **Kwon *et al.* (2000)** relataram a produção de ácido lático por *Lactobaccillus rhamnosus* utilizando hidrolisado de soja suplementado com vitaminas. A soja serve como alternativa ao extrato de levedura como fonte complexa de azoto.

    Letisse *et al.* (2001) referiram que o início do crescimento de *X. campestris* para a produção de goma xantana era fraco quando se utilizavam fontes de azoto mineral, mas podia ser melhorado quando se utilizavam fontes de azoto orgânico (por exemplo, hidrolisado de farinha de soja). **Naifu *et al.* (2014)** referiram que a produção de péptido bioativo a partir de farinha de soja por fermentação em estado sólido podia ser conseguida com bactérias de ácido lático e protease.

11) **Produção de goma xantana utilizando uma mistura de produtos naturais (soja, gérmen de trigo e xarope de glucose) com ou sem adição dos outros conteúdos do meio.**

Os resultados de experiências anteriores mostraram que o rendimento da xantana era elevado no caso da adição de sacarose ao meio. Também foi estudado o xarope de glucose como fonte de carbono em vez de sacarose. Mas foi utilizado em diferentes concentrações com ou sem adição dos outros conteúdos do meio. A utilização de gérmen de trigo e de extrato de soja mostrou que, ao aumentar a concentração de gérmen de trigo ou de soja, o rendimento da goma xantana aumentou. Estes resultados podem dever-se à formulação de um meio rico em nutrientes, especialmente quando se utiliza uma concentração mais elevada de extractos de gérmen de trigo ou de soja. Estes extractos podem conter factores de crescimento essenciais para o crescimento de *X. campestris* e para a produção de xantana. **Letisse *et al.* (2001)** referiram que a soja funcionava como uma fonte de azoto orgânico adequada para a produção de goma xantana. No entanto, ao utilizar estes extractos naturais como substratos sem adicionar os outros conteúdos do meio, o rendimento aumentou para um nível próximo do obtido com a adição dos outros conteúdos do meio, o que apoiou a ideia de que estes extractos tinham nutrientes suficientes para o crescimento de *X. campestris* e a produção de xantana, o que está de acordo com **Linko e Javanainen (1996).**

12) **Produção de goma xantana utilizando xarope de glucose como fonte de carbono em**

fermentador de grande escala.

Os resultados da Tabela (20) mostraram que, ao aumentar o tempo de fermentação, a biomassa e o rendimento aumentaram. O rendimento da goma xantana atingiu 18g/l. Estes resultados estão de acordo com **Mossavi-Nasab *et al.* (2010).** Estes autores referiram que a biomassa aumentou durante o período de fermentação devido ao aumento do crescimento de *Xanthomonascampestris.* Num estudo realizado por **Rosalam e England (2006)**, observou-se que é possível obter rendimentos crescentes de biomassa com fontes de azoto elevadas e a valores de temperatura reduzidos de 35 para 30°C, com um rendimento máximo de 3,74 g/l. **Rosalam e England (2006)** referiram que a temperatura de incubação era um fator crítico na biossíntese da biomassa.

Mossavi-Nasab *et al.* (2010). Relataram que a produção de xantana por *X. campestris* aumentou com o aumento do período de fermentação e atingiu um valor máximo de 0,89 g/100 ml em xarope de tâmaras e 0,18 g/100 ml em xarope de açúcar após 96 h. Resultados semelhantes também foram relatados por **Salah *et al.* (2010).** Os avanços na tecnologia de fermentação sugerem que a fermentação industrial utilizando produtos da indústria da glucose pode ainda oferecer um futuro viável **(Hull, 2010).**

13) Atividade antimicrobiana da goma xantana

Os dados sobre a atividade antimicrobiana da goma xantana contra os microrganismos são muito escassos na literatura. No entanto, a goma xantana apresentou uma atividade antimicrobiana de largo espetro contra algumas manchas bacterianas gram positivas e gram negativas, incluindo *Salmonella typhimuriumAYCC* 14028, *Pseudomonas aeruginosaATCC* 9027, *Listeria monocytogenesN'l* e *Yersenia enterocolitica* ATCC 9610. Tem também atividade inibitória contra A. *flavus* que produzaflatoxinas.

HashemieZ *al.* (2014) estudaram as propriedades funcionais e a atividade bactericida do conjugado lisozima-goma xantana, o que demonstrou que a atividade antimicrobiana da lis é limitada às bactérias Gram positivas, mas o seu espetro antibacteriano pode ser alargado às bactérias Gram negativas através da conjugação com hidratos de carbono por meio da reação de Millard. Os autores acrescentaram que a goma xantana não teve qualquer efeito sobre E. coli e Staphylococcus, o que está de acordo com os resultados comunicados por **HashemieZ** "Z.(2014)e com as nossas conclusões.

14)   Fabrico de queijo Karish utilizando goma xantana purificada como estabilizante

A atividade das bactérias do ácido lático nas amostras de queijo Karish aumentou a acidez e, consequentemente, diminuiu a contagem total de bactérias **(Mehannael** *al.***, 2002).** Todas as amostras de queijo Karish, frescas ou armazenadas, estavam isentas de coliformes, leveduras e bolores. Isto pode dever-se ao tratamento térmico eficiente e às boas condições sanitárias aplicadas durante o fabrico e armazenamento das amostras de queijo. Estes resultados estão de acordo com os resultados de **MonzanoeZ** *al.* **1995**, que relataram que quando bactérias lácticas termofílicas homo fermentativas foram encontradas no queijo, o queijo resultante foi caracterizado pela presença de níveis negligenciáveis de leveduras e coliformes.

O queijo Kariesh fabricado com diferentes concentrações de xantana apresentou um ligeiro aumento do valor do pH. O aumento do valor do pH devido ao fornecimento de goma xantana pode levar a algum tipo de efeito tampão durante a produção de ácido **(Ceirwyn,** 1995). No entanto, a diminuição gradual dos valores de pH durante o período de armazenamento pode ser devido à conversão da lactose residual no queijo por bactérias iniciadoras **(Badawi e Kebary, 1998).**

O rendimento do queijo é afetado por muitos factores, incluindo a composição do leite, a quantidade e as variantes genéticas da caseína, a qualidade do leite, a pasteurização do leite, o tipo de coagulante, o desenho da cuba, a firmeza da coalhada no corte, a adição de estabilizadores e os parâmetros de fabrico **(Lawrenco, 1993; Lucey e Kelly, 1994; Walsh** *et al.***, 1998; Fenelon e Guniee, 1999).**

O presente estudo revelou que o rendimento do queijo Karish foi afetado pela utilização de goma xantana (uma vez que não foram encontradas diferenças significativas no controlo baseado no rendimento (22,9% TS)). Isto indicou que o aumento do rendimento pode ser devido a um aumento do teor de humidade, um resultado semelhante foi encontrado anteriormente por outros autores **(Ahmed** *et al.***, 2005)** e de acordo com **AwadeZ aZ.(2005)** e **Costa** *et al.* **(2010).**

Os polissacáridos, como a goma xantana, aumentam a absorção de água, uma vez que os polissacáridos se ligam à água e à humidade; as propriedades de retenção são a estratégia-chave para melhorar o desempenho do queijo magro **(TadayonieZ** *al.***, 2009).** Os polissacáridos ou as culturas produtoras de EPS são amplamente utilizados em iogurtes para melhorar a textura e reduzir a sinérese espontânea (Hassan *et al.*, **1996; RobitailleZ al., 2009; Zoon & IDF, 2002)** devido à sua capacidade de se ligarem ou reterem água. Esta capacidade também tem sido utilizada no fabrico de queijo fresco reduzido, uma vez que, ao aumentar o teor de humidade, o rendimento também aumenta e as caraterísticas funcionais melhoram **(AwadeZ al., 2005; Costa et al., 2010; Jimenez-GuzmaneZ al., 2009).** No entanto, a forma como esta água é retida na matriz do queijo ainda não é muito clara, uma vez que foi sugerido que o EPS pode ligar a água, bem como apenas retê-la dentro da matriz **(Hassan, 2008).**

A definição do rendimento do queijo, ou a forma de o expressar, é importante em duas aplicações principais: 1) Controlo económico da produção de queijo. 2) Expressar os resultados das experiências de fabrico de queijo **(Emmons, 1993).**O teor de sólidos totais e de proteínas foi ligeiramente inferior ao aumentar as concentrações de goma xantana. Este comportamento particular dos sólidos totais e das alterações proteicas pode ser atribuído à capacidade do polissacárido para aumentar a absorção de água. Resultados semelhantes foram obtidos por **Mashalyef al.** (1983); **Hallaland Al-Omar** (1987) e **KarakusandAlperden(1995).As** diferenças no teor de cinzas dos queijos estão relacionadas com as diferenças de teor de humidade nos queijos resultantes.O aumento do teor de humidade do queijo, como resultado da adsorção de água ou da ligação pela goma xantana, afectou negativamente os parâmetros de textura do queijo Karish, tais como a dureza e a coesividade, uma vez que o aumento do teor de humidade enfraquece a rede de micelas de caseína e de gel de polissacarídeos, conduzindo a um queijo menos firme **(Kaya, 2002), pelo que** a textura do queijo com elevado teor de humidade era mais macia. Observações semelhantes foram regitadas por **VolikakiseZ al. (2004).** O carácter mais macio do queijo fabricado com goma xantana era esperado, uma vez que a gordura impede a formação de uma matriz proteica sólida e actua como lubrificante, produzindo um queijo com maior suavidade e maciez **(Romiehel al.,** 2002).Muita investigação tem sido conduzida para melhorar a textura do queijo Kariesh; a maioria foi concebida para modificar as tecnologias convencionais de fabrico de queijo para aumentar o teor de humidade, o que melhora a textura (Egyptian **standards,** 2013).A partir destes resultados, pode concluir-se que a adição de goma xantana melhorou ligeiramente o sabor ou a textura do queijo, quer quando fresco, quer durante os períodos de armazenamento.

15) Análise química da goma xantana.

A composição química da goma xantana produzida por *Xanthomonas campestris* a partir de xarope de glucose como fonte de carbono no processo de fermentação envolveu glucose, manose, ácido glucorónico, piruvato e acetato. **Sloneker e Jeannes (1962)** mostraram que a xantana era constituída por D-glucose, D-manose, ácido D-glucorónico e resíduos de ácido acético e pirúvico. No entanto, numerosos estudos mostraram que diferentes estirpes de Xanthomonas e condições de cultura podem produzir polímeros com composições diferentes **(Sutherland, 1983).**

As variações na estrutura da xantana tendem a dever-se principalmente a uma alteração nas concentrações de piruvato e acetato, mas também podem ocorrer variações na composição dos hidratos de carbono. Na maioria dos casos, a proporção entre os monossacáridos é mantida (1:1), mas podem ocorrer pequenas variações entre estirpes de espécies diferentes e em mutantes **(Sutherland, 1981). HeyraudeZ** *al.* **(1998)** produziram um polímero a partir de *X. campestris pv campestris 8396* desprovido de ácido glucorónico, em que a glucose e a manose se encontravam numa relação molar de 2:1. Foi também registada a presença de outros monossacáridos, como a galactose e a ramnose. Também recuperaram um exopolissacárido de uma estirpe mutante de *X. campestris pv campestris,* que é solúvel em soluções alcoólicas e constituído principalmente por ramnose. **Lawson e Symes (1977)** encontraram um polímero não dialisável contendo ramnose produzido por *X. campestris pv juglandis. X. campestris pv pruni* e *X. campestris pv juglandis,* que eram muito semelhantes, mas diferentes da goma produzida por *X. campestris pv campestris* **(Vauterin e Swing, 1997).** Os autores acrescentam que a semelhança genética pode explicar a presença de ramnose nos polímeros produzidos por *X. campestris pv juglandis* e *X. campestris pv pruni.* O açúcar era constituído por 43% de glucose, 32% de manose e 24% de ácido glucurónico numa proporção de 1,79: 1,33: 1 **(FariaeZ** *al.,* **2011).**

Uma correlação entre as caraterísticas dos polissacáridos microbianos, centrada nos mecanismos estruturais e biossintéticos, nos efeitos da engenharia genética e nas propriedades físicas associadas à composição química, foi relatada por Sutherland, 2001. Afirmou que a relação entre glucose, manose e ácido glucurónico era de 2,0: 0,8: 0,8 utilizando *X. campestrisBD9A*, enquanto a relação era de 2,0: 1,8: 1,0 para outras estirpes de *X.campestris*. A predominância de monómeros de glucose, manose e ácido glucurónico no hidrolisado estava de acordo com os relatados na literatura *(Hamcerencuet al., 2007; JanssoneZ al., 1975; MarzoccaeZ al., 1991; Morris et al., 1993; Salah et al., 2011; Silva et al., 2009)*. A concentração de acetato e piruvato pode variar de acordo com as condições utilizadas no processo de fermentação e pós-fermentação, pois algumas propriedades da goma xantana estão diretamente relacionadas com as quantidades deste substituinte. Por isso, é importante determinar as suas concentrações.

Por outro lado, **PapagiannieZ a/.(2001)** referiu que a taxa de agitação variou entre 100 e 600 rpm e influenciou a estrutura química da goma xantana produzida.

CAPÍTULO 6

RESUMO

A goma xantana é o polissacárido microbiano industrial mais importante produzido pela bactéria *Xanthomonas campestris*. Tem atraído a atenção porque tem muitas aplicações como espessante, estabilizador e emulsionante em resultado das suas propriedades reológicas únicas no sector alimentar e não alimentar.

Os resultados obtidos podem ser resumidos em 3 partes, como se segue:

Part 1: As condições de otimização para a produção de goma xantana provaram que:

1. A sacarose e a glucose foram as melhores fontes de carbono para a produção de goma xantana, o que deu um maior rendimento de xantana 21,6 e 9,2 g/L, respetivamente, em meio líquido e 13,0 e 8,0 g/L, respetivamente, em meio de ágar sólido.

2. A peptona e a triptona foram as melhores fontes de azoto orgânico em meio líquido para a produção de goma xantana, aumentando o rendimento da xantana para 36 e 25 g/L, respetivamente.

3. O hidrogenofosfato de amónio foi a melhor fonte de azoto inorgânico para o meio de ágar líquido e sólido, produzindo 20 e 4,2 g/L de xantana, respetivamente.

4. A cistina foi o melhor aminoácido para a produção de goma xantana por *Xanthomonas campestris em* meio líquido, produzindo 35 g/L. No entanto, a alanina foi o melhor aminoácido em meio de ágar sólido, produzindo 7,51 g/L.

5. O valor de pH ótimo para a produção de goma xantana foi o pH neutro.

6. A produção de goma xantana por *X. campestris* em meio líquido foi maior do que em meio de ágar sólido.

7. Estas condições óptimas foram aplicadas à produção de goma xantana utilizando produtos naturais, o que provou que:

   - Utilização de melaço de beterraba com peptona como fonte de azoto para a produção de goma xantana por *X. campestrisin em* meio de ágar líquido e sólido, produzindo 6 e 4,33 g/L, respetivamente.

   - Utilizando xarope de glucose como fonte de carbono em vez de sacarose no meio de fermentação de manjericão, o rendimento de goma xantana atingiu 18 g/L em meio líquido e 4,83 g/L em meio de ágar sólido.

- Utilização de uma combinação de extrato de gérmen de trigo e xarope de glucose com ou sem adição de outros conteúdos do meio de fermentação para a produção de goma xantana com um rendimento de 7 e 10 g/L, respetivamente, a 100% de concentração de extrato de gérmen de trigo.

- A utilização da combinação de extrato de soja e xarope de glucose com ou sem adição de outros conteúdos do meio de fermentação para a produção de goma xantana produziu 13 e 15,5 g/L, respetivamente, a 100% de concentração de extrato de gérmen de trigo.

- A produção de goma xantana por *X. campestris* apenas com produtos naturais como substratos foi maior do que com a adição dos outros conteúdos do meio de fermentação.

- A combinação de gérmen de trigo, extractos de soja e xarope de glucose sem adição dos outros conteúdos do meio de fermentação para a produção de goma xantana produziu 8,933 g/L utilizando 40% de extrato de soja e 60% de extrato de gérmen de trigo.

- A utilização de soro de leite hidrolisado com ácido suplementado com sacarose para a produção de xantana produziu o rendimento mais elevado com uma concentração de ácido de 5,5%, atingindo 23 g/L.

- Produção de goma xantana em meio mineral de lactose pré-cultivado com *Lactobacillus rhamnosus,* os resultados mostraram que ao aumentar o período de incubação para *L. rhamnosus,* o rendimento de xantana diminuiu, produzindo 17,66 e 4,33 g/l, respetivamente.

- Nas condições óptimas acima mencionadas, a produção de goma xantana utilizando xarope de glucose como fonte de carbono num fermentador de grande escala que, ao aumentar o período de fermentação, o rendimento da biomassa e da goma xantana aumentou, produzindo 2,56 e 13,12g/L, respetivamente, após 48h.

Part 2: Aplicações da goma xantana produzida.

A. <u>Atividade anti microbiana da goma xantana.</u>

A goma xantana tinha atividade antimicrobiana para algumas bactérias patogénicas, tais como *Salmonella typhimurium ATCC 14028, Pseudomonas aeruginosa ATCC 9027, Listeria monocytogenes v7, Yerseniaenterocolitica ATCC 9610* e o fungo *Aspergillus flavus*. Ao aumentar a concentração de xantana, o diâmetro da zona de inibição aumentou.

B. <u>Fabrico de queijo Karish com goma xantana</u>

O rendimento do queijo é afetado por muitos factores, incluindo a composição do leite, a quantidade e as variantes genéticas da caseína, a qualidade do leite, a pasteurização do leite, o tipo de coagulante, o design da cuba, a firmeza da coalhada no corte, a adição de estabilizadores e os parâmetros de fabrico. Para melhorar as propriedades do queijo Karish com baixo teor de gordura, foi utilizada goma xantana em diferentes concentrações (0,01, 0,02, 0,03, 0,04 e 0,05 %) no fabrico do queijo.

Os resultados provaram que:

1) **Na análise microbiológica:**

- A atividade das bactérias do ácido lático *{Lactobacillus dlebreuckii ssp. bulgaricus&Streptococcus thermophiles)* nas amostras de queijo Karish aumentou a acidez e, consequentemente, diminuiu a contagem total de bactérias.
- Todas as amostras de queijo Karish, frescas ou armazenadas, estavam isentas de coalho, leveduras e bolores.

2) **Na análise química:**

- Os valores de pH do queijo Karish com diferentes concentrações de goma xantana foram superiores aos do queijo de controlo, quer quando fresco quer durante o período de armazenamento (5° C/ 15 dias), exceto no caso do queijo Karish fabricado com 0,02% de goma xantana.
- Os valores de pH de todas as amostras de queijo Karish diminuíram gradualmente durante o período de armazenamento.
- O rendimento do queijo Karish foi afetado pelo aumento das concentrações de goma xantana, pelo que o maior rendimento foi observado quando se utilizou 0,04 ou 0,05% de goma xantana.
- A humidade do queijo aumentou com o aumento da concentração de goma xantana e atingiu 80 e 81,5% no queijo Karish feito com

0,04 e 0,05% de goma xantana, respetivamente, contra 76,8% para o controlo.

- Os sólidos totais do queijo Karish diminuíram com o aumento das concentrações de goma xantana.

- O aumento máximo da recuperação de proteínas do queijo Karish foi registado com a utilização de 0,04 e 0,05% de goma xantana, em comparação com o controlo.

3) Na análise de texturas:

- Os resultados revelaram que a dureza diminui com o aumento da concentração de goma xantana em comparação com o controlo.

4) Na avaliação sensorial:

- Verificou-se um aumento e uma diminuição significativos dos valores do sabor e da textura do corpo, respetivamente, no queijo Karish fabricado com goma xantana, em comparação com o controlo.

- Os resultados mostraram que o queijo Karish fabricado com 0,04 e 0,05% de goma xantana tinha pontos de pontuação de aceitabilidade elevados em comparação com o controlo após 7 dias de armazenamento.

Terceira parte: análise química da goma xantana produzida:

A análise química da goma xantana produzida por Cromatografia Líquida de Alta Eficiência (HPLC) mostrou que os principais componentes da xantana produzida incluem glucose (31,8%), manose (24,7%) e ácido glucorónico (4,37%), bem como as percentagens de acetato (4,75%) e piruvato (2,93%).

A partir dos resultados anteriores, concluímos que a goma xantana é um produto importante para utilização em muitas indústrias e pode ser produzida por substratos alternativos de baixo custo.

CAPÍTULO 7

REFERÊNCIAS

Abd El-Salam, M.H.; Fadel, M.A. e Murad, H.A. (1994): Bioconversão do melaço de cana-de-açúcar em goma xantana. J. of Biotech, (33): 103-106.

Abd- Elhamid, A.M., (2012): Produção de queijo Kariech funcional por microencapsulação de *Bifidobacterium adolescentis ATCC* 15704. Adv. J. Food Sci. Technol.,4: 112-117.

Achayuthakan, P.; Suphantharika, M. e Rao, M.A. (2006): Componentes da tensão de rendimento de misturas de amido ceroso com xantana: efeito da concentração de xantana e de diferentes amidos. Carbohydrate Polymers 65, 469-478.

Ahmed, N., El Soda, M., Hassan, A.N., Frank J. (2005): Melhoria das propriedades texturais de um queijo coagulado com ácido (Karish) utilizando culturas produtoras de exopolissacáridos. LWT-Food Science and Technology 38(8): 843-847.

Amanullah, A.; Satti, S. e Nienow, A.W.(1998): Melhorando as fermentações de xantana por diferentes modos de alimentação de glicose. Biotechnology Progress, 14: 265-269.

Ame, S.N.; Girgis, E.S.; Taha, S.H. e Abd-El-Moeety, S.H. (1997): Efeito dos sólidos totais do leite e do tipo de fermento na qualidade do Labneh Egypt. J. Dairy Sci., 25: 179-192.

Anónimo(1991): Food Trade Rev;61(10):575.

AOAC(2007): Association of Official Analytical Chemists. Official Methods of Analysis, 18th Ed., Capítulo 33, pp. 75, 79, 82, 85, Benjamin Franklin Station Washington, D.C., EUA.

APHA(1978): Standard Methods for the Examination Dairy products, 12th ed. Am. Publ. Health Assoc., Nova Iorque.

Aririatu, L.E.;Gwadia, O.T. eNwaokeocha, C.C. (1999): O Potencial de Biorremediação de alguns Coagulantes Naturais locais. Nig. J. Microbiology, 13: 65-69.

Awad, S.,Hassan, A.N. eMuyhukumarappan, K. (2005): Aplicação de culturas produtoras de exopolissacarídeos em queijo cheddar com teor reduzido de gordura: textura e propriedades de fusão. Journal of Dairy Science, 88 (12), 4204-4213.

Azzat, B.A.M. (2001): Estudos sobre a utilização de alguns microorganismos como adjuntos alimentares em condições locais. Doutoramento em Agric. Departamento de Microbiologia, Fac. Agric., Universidade do Cairo, Giza, Egito.

Badawi, R.M. e Kebary, K.M.K. (1998): Influência dos substitutos de gordura na qualidade do queijo tallaga com baixo teor de gordura, Cairo, Egito. Egyptian conf. Dairy Sci. &techn. pp.347-365.

Balows, A. e Truper, H.G.(1991): The Prokaryotes. Springer-Verlag, Nova Iorque.

Becker,A.;Katzan, F.;Puhler, A. andlelpi, L.(1998): Biossíntese e aplicação da goma xantana: uma perspetiva bioquímica/genética. Appl. Microb. Biotechnol.,50:145-52.

Behravan, J.B.; Bazzaz, S. e Salimi, Z. (2003): Otimização da produção de dextrano por *Leuc. Mesenteroides* NRRL B-512 utilizando fontes locais e baratas de hidratos de carbono e azoto. Biotech. Appl. Biochem. 38:267-269.

Berg, J.M., Tymoczko, J.L. e Stryer, L. (2006): Biochemistry, W.H. Freeman and Co., New York, 6th ed.

Bilanovic, D.;Shelef, G. e Green, M.(1994): Fermentação de xantana de resíduos de citrinos. BioresTechnol 48: 169-172.

Boch, J. e Bonas, U. (2010): Xanthomonas AvrBs3 Family-Type III Effectors: Descoberta e função. *Revisão Anual de Fitopatologia^.* 419-36.

Borges, C.D.; Moreira, A.D.; Vendruscolo, C.T. and Ayub, M.A.Z.(2008):Influência da agitação e aeração na produção de xantana por *Xanthomonascampestrispvpruni estirpe 101.* Revista Argentina de Microbiologia 40, 81-85.

Bradbury, J.F. (1984):Género II: Xanthomonas, In: Krieg NR, Holt CG, editores. Manual of systematic bacteriology. Baltimore, MD: Williams & Wilkins, pp. 199-210.

Brandao, L.B., Lopez J. A., AssisD.J., Echevarria, E.M. e Druzian, J.I. (2014): Biossíntese de goma xantana a partir de glicerina residual da produção de biodiesel para fluidos de perfuração. BMC Proceedings, BioMed Central Ltd vol.8 : 187.

Broadbent, J.R., McMahon,D.J., Oberg, C.J. e Welker, D.L. (2001): Utilização de culturas produtoras de exopolissacarídeos para melhorar a funcionalidade do queijo com baixo teor de gordura. International Dairy Journal 11(4): 433-439.

Byong, H.L.(1996): Fundamentals of Food Biotechnology. VCH Publishers Inc., Estados Unidos.

Cacik, F.; Dondo, R.G. e Marques, D.(2001): Controle ótimo de um biorreator em batelada para a produção de goma xantana. Computadores e Engenharia Química, 25: 409-418.

Cadmus, M.C;Bagby, M.O; Burton, M.; Burton, K.A. e Wolff, L. (1971): Fonte de nitrogénio para uma melhor produção de polissacáridos microbianos. Patente dos EUA 3: 565-563.

Cadmus, M.C.;Lagoda, S.P.; Burton, K.A.;Pittsley, J.F.; Knutson, C.A. e Jeanes, A. (1976): Variação colonial em *Xanthomonascampestris NRRL B-1459* e caraterização do polissacarídeo de uma estirpe variante. Can. J. Microbiol, 22: 942-948.

Cadmus, M.C.; Knutson, C.A.;Lagoda, A.A.;Pittsley, J.E.; Burton, K.A.(1978): Meios sintéticos para a produção de goma xantana de qualidade em fermentadores de 20 litros. Biotecnologia e Bioengenharia 20,1003-1014.

Carevic, M., Vukasinovic-Sekulic,M., Sekulic, M. V., Grbavcic, S., Stojanovic, M., Mihailovic, M., Dimitrijevic, A. e Bezbradica, D.(2014): Otimização da produção de 0-galactosidase a partir de bactérias do ácido lático.Hemijskaindustrija(OO): 44-44.

Casas, J.A. eGarci'a-Ochoa, F.(1999): Viscosidade de soluções de misturas de xantana/goma de alfarroba. J. Sci. Food Agric., 79:25-31.

Ceirwyn, S.J. (1995): Química Analítica dos alimentos. Parti in Book. P. 1 Inglês. Publicado em Londres.

Charalampopoulos, D.; Pandiella, S.S. e Webb, C. (2002): Estudos de crescimento de bactérias lácticas potencialmente probióticas em substratos à base de cereais. J. Appl. Microbiol, 92: 851-859.

Charles, M. e Radjai, M.K.(1977): Xanthan Gum from Acid Whey. Dim, Sandford.

Colin, P. e Flury, M. (1971): Processos para a realização de fermentações produtoras de polissacáridos. Patente dos E.U.A. 3, 594, 280.

Colin, P. e Merle, R. (1972): Processo para produção de polissacarídeos por fermentação. Patente U.S. 3, 671, 398.

Con, A.H.; Gokalp, H.Y. e Kaya, M. (2001): Antagonistic effect on *Listeria monocytogenes* and *Listeria innocua* of bacteriocin-like metabolite produced by lactic acid bacteria isolated from sucuk, Meat Sci., 59, 437- 441.

Costa, N. E., Hannon, J. A., Guinee, T. P., Auty, M. A. E., McSweeney, P. L. H., & Beresford, T. P. (2010): Effect of exopolysaccharide produced byisogenic strains of Lactococcuslactis on half-fat Cheddar cheese. Journal of Dairy Science, 93, 3469-3486.

Coughlin, J.R. e Nickerson, T. (1975): Acid-catalyzed hydrolysis of lactose in whey and aqueous solutions. Journal of Dairy Science 58(2): 169-174.

Davidson, I.W.(1978): Produção de polissacárido por *Xanthomonascampestris* em cultura contínua. FEMS Microbiology Letters 3, 347-349.

De Vuyst, L. e Vermeire, A.(1994): Utilização de componentes de meios industriais para a produção de xantana por *Xanthomonascampestris.* NRRL-B-1459. Appl. Microbiol.Biotechnol., 42: 187-191.

De Vuyst, L. e Degeest, B. (1999): Heteropolissacáridos de bactérias do ácido lático. FEMS Microbiol. Rev., 23: 152-177.

De Vuyst, L.;Vermiere, A.; Van Loo, J. andVandamme, E.J.(1987a): Melhorias nutricionais, fisiológicas e tecnológicas do processo de fermentação da goma xantana. Enzyme and Microbial Technology, 52: 1881-1900.

De Vuyst, L.; Vermiere, A.; Van Loo, J. e Vandamme, E.J. (1987b): Processo de fermentação em duas etapas para melhorar a produção de xantana por Xanthomonas campestris NRRL B-1459. Journal of Chemical Technology and Biotechnology 39, 263-273.

Dickinson, E. (1992): An Introduction to Food Colloids. Oxford: Oxford University Press; p. 30.

Dickinson, E. (1988): Gomas e Estabilizadores para a Indústria Alimentar. In: Phillips GO, Wedlock DJ, Williams PA, editores. Oxford: IRL Press; 1988. p. 249.

Dziedzic, S.Z. e Kearsley, M.W. (1995): Handbook of starch hydrolysis products and their derivatives (Manual de produtos de hidrólise do amido e seus derivados). Londres: Blackie Academic & Professional, p. 230. ISBN 0-7514-0269-9.

Normas Egípcias 1008, Queijo de pasta mole, Parte (4) (2013): Queijo Kareish, Organização Egípcia de Normalização e Controlo de Qualidade.

Ekateriniadou, L.V.;Papoutsopoulou, S.V. e Kyriakidis, D.A.(1994): Goma xantana de alta produção por uma estirpe de *Xanthomonas campestris* conjugada com *Lactococcus lactis*. Biotech Lett., 16: 517-522.

El-Salam, A.;Fadel, M.A. eMurad, H.A. (1993): Bioconversão do melaço de cana-de-açúcar em goma xantana. Journal of Biotechnology 33, 103-106.

Emmons, D.B. (1993): Definição e expressão do rendimento do queijo. In: Factores que afectam o rendimento do queijo. Ed. D.B. Emmons. Federação Internacional de Lacticínios. Bruxelas, 12-20.

Erdorul, O. e Erblr, F.(2006): Isolamento e caraterização de *Lactobacillus bulgaricusan&Lactobacillus casei* de vários alimentos. Truk. J. Biol.,30: 39-44.

Esgalhado, M.E.; Roseiro, J.C. e Amaral, C.M.T.(1995): Efeitos interactivos do pH e da temperatura no crescimento celular e na produção de polímeros por *Xanthomonas campestris*. Process Biochemistry. 30 (7): 667-671.

Evans, C.G.T.; Yeo, R.G. e Ellwood, D.C.(1967): Estudos de cultura contínua sobre a produção de polissacáridos extracelulares por *Xanthomonas juglandis*. In: Berkeley RCW, Gooday GW, Ellwood DC (pnyt.). Microbial polysaccharides and polysaccharases. Londres: Academic Press Inc. (London) Ltd.; p. 51-67.

Faria, S.; de Oliveira Petkowicz, C. L.; de Morais, S.A.L.; Terrones M.G.H.; de Resende M.M. e de Franca, F.P.(2011): Caracterização da goma xantana produzida a partir do caldo de cana-de-açúcar. Polímeros de Carboidratos 86(2): 469-476.

Fenelon, M. A. e Guinee, T. P. (1999): The effect of milk fat on Cheddar cheese yield and its prediction, using modificationsof the Van Slyke cheese yield formula. Journal of DairyScience 82, 2287-2299.

Flickinger, F.C. e Draw, S.W. (1999): Encyclopedia of Bioprocess Technology: Fermentação, vol.5, pp. 2706-2707.

Flores-Candia, J.L. e Deckwer, W.D.(1999): Xanthan gum. In: Flickinger, M.C., Drew, S.W. (Eds.), Encyclopedia of Bioprocess Technology: Fermentation, Biocatalysis, and Bioseparation. Wiley, Nova Iorque, pp. 2695-2711.

Frank, J.F. e Somkuti, G.A.(1979): Propriedades gerais da beta-galactosidase de *Xanthomonas campestris*. Applied and Environmental Microbiology 38, 554- 556.

Fu, J.F. e Tseng, Y.H.(1990): Construção de *Xanthomonas campestris* utilizadoras de lactose e produção de goma xantana a partir de soro de leite. Appl.Environ.Microbiol, 56: 919-923.

Funahashi, H.; Yoshida, T. e Taguchi, H. (1987): Efeito da concentração de glucose na produção de goma xantana por *Xanthomonascampestris.* Journal of Fermentation Technology, 65: 603-606.

Galindo, E.; Salcedo, G.; Flores C. e Ramirez. M.E. (1993): Teste melhorado em frasco agitado para o rastreio de microrganismos produtores de xantana. World. J. Microbiology & Biotechnology Vol. 9(1): 122-124.

Garcia-Ochoa, F. e Gomez, E. (1998): Coeficiente de transferência de massa em reactores agitados para soluções de goma xantana, *Biochem. Eng.* 1:1-10. 7.

Garcia-Ochoa, F.; Santos, V.E.; Casas, J.A. e Gomez, E. (2000): Goma xantana: Production, recovery, and properties. Biotechnology Advances, 18, 549-579.

Garcia-Ochoa, F.; Santos, V.E. e Alcon, A.(1996): Simulação da produção de goma xantana por um modelo cinético quimicamente estruturado. Matemática e Computadores em Simulação 42, 187-195.

Garcia-Ochoa, F.; Santos, V.E. e Fritsch, A.P.(1992): Estudo nutricional de *Xanthomonas campestris* na produção de goma xantana por desenho fatorial de experiências. Enzyme and Microbial Technology 14, 991-997.

Gerhard,R. e Martin, B.(1992): Eliminação de *Xanthomonas campestris* pv. pelargonii por meio de micropropagação de plantas de Pelargonium; In: 3rd International Geranium Conference. Actas, Ball Publishing Batavia, IL. EUA.

Ghazal, S.M.A.; Elsayed, W.S.; Badr, U.M.; Gebreel, H.M. e Khalil, K.M.A. (2011): Estirpes geneticamente modificadas de *Xanthomonas campestris* maior produtor de xantana e capaz de utilizar soro de leite. Investigação atual em Bacteriologia, 4: 44- 62.

Gilani, S. L., Heydarzadeh, H. D., Mokhtarian, N., Alemian, A. e Kolaei, M. (2011): Efeito das condições de preparação na produção de goma xantana e no comportamento reológico utilizando soro de queijo por *Xanthomonas campastris.* Australian J. of Basic and Scie., 5 (10): 855-859.

Glicksman, M.(1975): Gum Technology in the Food Industry. Academic Press Inc., Nova

Iorque.

Gomori, A. *(1955)'.Method Enzymol.* 1: 145.

Grobben, G.J.; Chin-Joe, L; Kitzen, V.A.; Boels, I.C.; Boer, F.; Sikkema, J.; Smith, M.R. e Bont, J.A.M. (1998): Aumento da produção de exopolissacarídeos por lactobacillus delbrueckii ssp. bulgaricus NCFB 2772 com um meio definido simplificado. Appl. Environ. Microbiol, 64: 1333.

Guinns, T.;Demirci, A.S.;Mirik, M.;Arici, M. e Aysan, Y. (2010): Produção de goma xantana de *Xanthomonas* spp. isoladas de diferentes plantas. Food Science Biotechnology 19 (1), 201-206.

Hallal, A. M. e Al-Omar, M. E. (1987): A utilização de diferentes fontes de gordura no queijo creme. Iraqi J. Agric. Sci. "Zanco", 5(3): 121-132. Em árabe.

Hamcerencu, M.;Desbrieres, J.;Popa, M.;Khoukh, A. andRiess, G. (2007): Novos derivados insaturados da goma xantana: Síntese e caraterização. Polymer, 48: 1921-1929.

Hamed, S.B. e Belhadri, M.(2009): Propriedades reológicas de fluidos de perfuração de biopolímeros. J. Petrol. Sci. Eng., 67:84-90.

Harding, N.E., Cleary, J.M. e lelpi, I. (1995): Genética e Bioquímica da Produção de Goma Xantana por *Xanthomonas campetris*. P. 495-514. In: Y.H. Hui Biotechnology Microorganisms VCH publishers, Inc., New Yourk.

Hashemi, M.M.;Aminlari,M. e MoosaviNasab, M. (2014): Preparação e estudos sobre as propriedades funcionais e a atividade bactericida do conjugado de goma xantana de lisozima.LWT-Ciência e Tecnologia Alimentar, 57(2): 594-602.

Hassan, A. N., Frank, J. F., Schmidt, K. A., &Shalabi, S. I. (1996): Rheological properties of yogurt made with encapsulated non ropy lactic cultures. Journal of Dairy Science, 79, 2091-2097.

Hassan, A.N., Correding, M., Frank, J. F. e Elsoda, M. (2004): Microstructure and rheology of an acid-coagulated cheese (Kariech) made with an expolysaccharide-producing Streptococcus thermophilus strain and its expolysaccharide non-producing genetic variant, J. Dairy Res.,71: 116-120.

Hassan, A. N. (2008): Prémio para Bolseiro da Fundação ADS A: Possibilidades e desafios das culturas lácticas produtoras de exopolissacarídeos em alimentos lácteos. Journal of Dairy Science, 91, 1282-1298.

Heyraud, A.; Sayah, B.; Vojnov, A.; Colin-Morel, G.C.; Geremia, R.A. e Dankaert, M. (1998): Estrutura de uma celulose extracelular manosilada produzida por uma estirpe mutante de *X. campestris*. Cellular and Molecular Biology 44 (3): 447^54.

Higginbotham, J. e McCarthy, J. (1998): Qualidade e armazenamento do melaço. In: Schwartz T, Albert BartensDr KG, editores. Sugar technology. Berlin: Verlag, 973-991.

Hofvendahl, K. e B. Hahn-Hagerdal (1997):Produção de ácido L-lático a partir de hidrolisado de farinha de trigo integral utilizando estirpes de *Lactobacilos* e *Lactococos.Enzyme* and Microbial Technology20(4): 301-307.

Hull, P. (2010): Glucose Syrups: *Tecnologia e Aplicações. Wiley-* Blackwell. ISBN 1-4051-7556-7.

Federação Internacional dos Lacticínios (1991): Propriedades reológicas e de fratura dos queijos. Boletim 268, Federação Internacional dos Lacticínios, Bruxelas, Bélgica.

ISCO (1982): Instrumental Division, P. O. Box 5347, Lincoln, NB 68505-9987, EUA.

Jackson, E.B. (1995): Sugar Confectionery Manufacture. Berlin: Springer, p. 132. ISBN 0-8342-1297-8.

Jansson, P.E.; Kenne, L. e Lindberg, B. (1975): Estrutura do polissacarídeo extracelular de *Xanthomonas campestris*. Carbohydrate Research, 45, 275- 282.

Jean-Claude, M.G.T.; Roland, H.F.B. and Benedicte, L.T.W.(1997):Produção de goma xantana por fermentação de uma matéria-prima contendo uma mistura de manose e glucose. Biotechnology Advances 15 (1): 267.

Jeanes, A.R.; Rogovin, S.P.; Cadmus, M.C.; Silman, R.W. e Knutson A.C. (1976):Polissacarídeo (xantana) de *Xanthomonas campestris NRRL B-1459:* procedimentos de manutenção de cultura e produção de polissacarídeo, purificação e análise. ARS-NC-51. Serviço de Investigação Agrícola, Departamento de Agricultura dos EUA, Peoria, Illinois.

Jimenez-Guzman, J., Flores-Najera, A., Cruz-Guerrero, A. E., &Garcia-Garibay, M. (2009): Utilização de uma estirpe de Streptococcus thermophilus produtora de exopolissacarídeos no fabrico do queijo Panela mexicano. LWT - Food Science and

Technology, 42, 1508-1512.

Joris, B.; Meester, F.; Galleni, M.; Masson, S.; Dusart, J.; Frere, J.; Beeumen, J.; Bush, K. e Sykes, R. (1986): Propertiesof a class C 0-lactamase of Serratiamarcescens. Biochem. J. 239: 581-586.

Kalogiannis, S.; Gesthimani, I.; Maria, L.K.; Dimitrios, A.K. e George, N.S. (2003): Otimização da produção de goma xantana por *Xanthomonas campestris* cultivada em melaço. Process Biochemistry 9: 249-256.

Kang, K.S. e Pettitt, D.J. (1993): Xanthan ,Gellian, Welan e Rhamsan. In: Industrial gums; polysaccharide and their derivatives, Capítulo 13 pp 341-397. Por Whistler, R.N. &Bemiller, J.N., Academic Press, INC.

Karakus, M., Alperden, I. (1995): Effect of starter composed of various species of lactic bacteria on quality and ripening of Turkish white pickled cheese. LebensittelWissenschaft und Technologic 28,404- 409.

Katzbauer, B.(1998): Propriedades e aplicações da goma xantana. Polymer Degradation and Stability 59, 81-84.

Kaya S. (2002): Effect of salt on hardness and whiteness of gaziantep cheese during short-term brining. J. Food Eng. 52: 155-159.

Keating, K.R. and White, C.H. (1990):Effect of Alternative Sweeteners in Plain and Fruit-Flavored Yogurtsl,2,3. Journal of Dairy Science 73(1): 54-62.

Kedar, J.A. e Bholay,A. (2014): Biossíntese ecofriendly de goma xantana por *Xanthomonas campestris* .World Journal of Pharmacy and Pharmaceutical Science 3 (7): 1341-1355.

Kennedy, J.F. e Bradshaw, I.J. (1984): Produção, propriedades e aplicações de xantana, *Prog. Ind.Microbiol. 19:* 319-371. 5. Rosalam S, England R, [2006] Review of xanthan gum production from unmodified starches *byXanthomonas camprestrissp, Enzyme Microb. Technol.* 39: 197-207.

Kennedy, J.F., Jones, P. e Barker, S. A. (1982): "Factores que afectam o crescimento microbiano e a produção de polissacáridos durante a fermentação de culturas de X. campestris". Enzyme Mirob. Technol, 4, 39.

Kerdsup, P.;Tantratian, S.;Sanguandeekul, R. andlmjongjirak, C. (2011):

Produção de xantana por uma estirpe mutante de *Xanthomonas campestris* TISTR 840 em meio de fécula de mandioca crua. Tecnologia de Alimentos e Bioprocessos4(8): 1459-1462.

Kongruang, S. (2005): Cinética de crescimento da produção de xantana a partir de produtos agrícolas não económicos com *Xanthomonas campestris TISTR 1100, J. Appl. Sci.* 4(2):78-88.

Kwon, S., Lee, P. C., Lee, E. G., Chang, Y. K. e Chang, N. (2000): Produção de ácido lático por Lactobacillus rhamnosus com hidrolisado de soja suplementado com vitaminas.Enzyme and Microbial Technology, 26(2): 209-215.

Lawrence, R. C. (1993): Condições de processamento. In: Factores que afectam o rendimento do queijo. Ed. D.B. Emmons International of Dairy Federation Bruxelas, 64-78.

Lawson, C.J. e Symes, K.C. (1977): Oligossacáridos produzidos por acetólise parcial de goma xantana. Carbohydrates Research 58, 433-438.

Leela, J.K. e Sharma, G. (2000): Estudos sobre a produção de xantana a partir de *Xanthomonas campestris.* Bioprocess Engineering 23, 687-689.

Letisse, F.; Chevallereau, P.; Simon, J.L. e Lindley, N.D.(2001): Análise cinética do crescimento e da produção de goma xantana com *Xanthomonas campestris* em sacarose, utilizando fontes de azoto consumidas sequencialmente. Applied Microbiology and Biotechnology, 55:417-422.

Lilly, V.G; Wilson, H.A. e Leach, J.G. (1958): Polissacáridos bacterianos. Produção à escala laboratorial de polissacáridos por espécies de *Xanthomonas.* Appl. Microbiol, 6: 105-8.

Lin, A. and Nickerson, T. (1977):Acid hydrolysis of lactose in whey versus aqueous solutions. Journal of Dairy Science 60(1): 34-39.

Linko, Y.Y. e Javanainen, P. (1996): Liquefação simultânea, sacarificação e fermentação de ácido lático em amido de cevada.Enzyme and Microbial Technology,19(2): 118-123.

Lo, Y.M.; Yang, S.T. e Min, D.B.(1996): Estudos cinéticos e de viabilidade da ultrafiltração de caldo de fermentação de goma xantana viscosa. Journal of Membrane Science, 117: 237-249.

Lo, Y.M.; Yang, S.T. e Min, D.B.(1997a): Ultrafiltração de caldo de fermentação de goma xantana: análises económicas e de processo. Journal of Food Engineering, 31: 219-236.

Lo, Y.M.; Yang, S.T. e Min, D.B.(1997b): Efeitos do extrato de levedura e da glucose na produção de xantana e no crescimento das células em cultura descontínua de *Xanthomonas campestris*. Applied Microbiology and Biotechnology, 47: 689-694.

Lopez, M.J. e Ramos-Cormenzana, A. (1996): Produção de xantana a partir de águas residuais de olivais. Int.Biodet.Biodegr., 38: 263-270.

Lucey J. e Kelly, J. (1994): Cheese yield. Journal Society of Dairy Technology 47 (1), 1-14.

Malone, M.J. e Sage, J.G. (1993): Sobremesa congelada pronta a servir para dispensa de serviço suave. Patente U.S., 5, 256.4.

Margaritis, A. Pace, G.W. (1985): Microbial Polysaccharides. In: *Advances in Biotechnology, Vol. 2,* M. Moo-Young, C.W. Robinson(Eds.), Pergamon Press, New York, USA pp. 1005-1044.

Marzocca, M.P.; Harding, N.E.; Petroni, E.A.;Cleary, J.M. andlelpi, L. (1991): Localização e clonagem do gene ketal piruvato transferase de *Xanthomonas campestris*. Journal of Bacteriology, 173: 7519-7524.

Mashaly, R. I; Abou-Donia, S. A. e El-Soda M. (1983): Utilização de leite seco para o queijo Domiati. Indian J. Dairy Sci., 36(l):93-96.

Mc-Comb, E.A. e Mc-Cready, R.M. (1957):Determinação da acetilina pectina e em polímeros de hidratos de carbono acetilados. Reação do ácido hidroxâmico. Analytical Chemistry 29: 819-821.

Mckenzie, H. A. (1969): pH e tampões. In: Dados para pesquisa bioquímica, PP. 475- 508. Editado por Dawson, R. M. C.; Elliott, D. C.; Elliott, W. H. e Jones, K. M. The Clarendon Press, Oxford.

McLanglin, L.A. (1992): Desenvolvimento de uma estratégia eficaz de tratamento de águas residuais. Chemical Engineering Progress 88 (9): 34-42.

Mehanna, N. Sh.; Sharaf, O. M.; Ibrahim, G. A. e Tawfik, N. F. (2002): Incorporação e viabilidade de algumas bactérias probióticas em alimentos lácteos funcionais. I- queijo de pasta mole. Egito. J. Dairy Sci., 30(2):217-229.

Melton, L.D.; Mindt, L.; Rees, D.A. e Sanderson, G.R. (1976): Estrutura covalente do polissacarídeo extracelular de *X. campestris* evidência; evidência de estudos de hidrólise parcial. Carbohydr. RES., 46: 245-257.

Milas, M. e Rinaudo, M.(1979): Investigação conformacional sobre o polissacarídeo bacteriano xantana. Carbohydrate Research, 76: 189-196.

Miller, L.T. e Hattel, R.W. (1997): Recristalização do gelo no sorvete interação entre adoçantes. J. Dairy Sci., 80 (3): 447-456.

Mohan, T.S. e Babitha, R. (2010): Influência de factores nutricionais na produção de xantana por *Xanthomonas malvacearum.* Arquivos de Pesquisa em Ciências Aplicadas 2(6): 28-36.

Molina O, R Fitzsimons e N Perotti (1993): Effect of com steep liquor on xanthan production by *Xanthomonas campestris.* Biotech.Lett.,15:495^498.

Manzano, M., Citterio, B., Rondinini, G., de Bertoldi, M. (1995): Aspectos microbiológicos do fermento natural na produção de queijo de Montecristova. *Ann. Microbiol.* 1992;42:163-170.

Moosavi-Nasab, M., Shekaripour,F. e Alipoor, M. (2010): Utilização de xarope de tâmaras como resíduo agrícola para a produção de xantana por *Xanthomonas campestris.* Investigação Agrícola do Irão 27(1.2): 89-98.

Moosavi-Nasab, M., Pashangeh, S. e Rafsanjani, M.(2010): Effect of Fermentation Time on Xanthan Gum Production from Sugar Beet Molasses.World Academy of Science, Engineering and Technology, 68: 1234- 1237.

Moo-Young, M.; Chisti, Y. e Vlach, D. (1993): Fermentação de materiais celulósicos para alimentos micoproteicos. Biotechnology Advances 11, 469-479.

Moraine, R.A. e Rogovin, P.(1971): Produção de biopolímero de xantana em concentração aumentada por controlo de pH. Biotecnologia e Bioengenharia, 13: 381-391.

Moraine, R.A. e Rogovin, P.(1973):Cinética da fermentação de xantana. Biotecnologia e Bioengenharia, 15: 225-237.

Moreira, A.S., Vendruscolo, J.L.S., Gil-Turnes, C. e Vendruscolo, C.T. (2001): Screening entre 18novel strains de *Xanthomonas campestris pv pruni, Food Hydrocol.* 15:469-474.

Morris, E.R.; Rees, D.A.; Young, G.; Walkinshaw, M.D. e Darke, A. (1977): Orderdisorder transition for a bacterial polysaccharide in solution: a role for polysaccharide conformation in recognition between *Xanthomonas* pathogen and its plant host. Journal of Molecular Biology, 110: 1-16.

Morris, V.J.; Brownsey, G.J. andRidout, M.J. (1993):Acetan and related polysaccharides. Polymer News, 18: 294-300.

Murad, H.A. (1993): Estudo comparativo para a produção de goma xantana a partir da estirpe local Xanthomonas campestris NRRL. B-1459. Egito J. Appl. Sci., 8 (7): 545-552.

Naifu Wang, Guowei Le, Yonghui Shi e Yuan Zeng, (2014): produção de péptidos bioactivos a partir de farinha de soja por fermentação em estado sólido com bactérias de ácido lático e protease. Advance Journal of Food Science and Technology 6 (9): 1080-1085.

Nasr, S.; Soudi, M.R. e Haghighi, M.(2007): Produção de xantana por uma estirpe nativa de *Xanthomonas campestris* e avaliação da aplicação em EOR. Jornal Paquistanês de Ciências Biológicas 10 (17), 3010-3013.

Okonko, L0.;01abode, O.P. e Okeleji, O.S. (2006): O papel da biotecnologia no avanço socioeconómico e no desenvolvimento nacional: An Overview. African J. Biotechnology, 5(19):2354-2366.

Okonko, I. O., Ogunnusi, T. A., Fajobi, E.A., Adejoye, O. D. e Ogunjobi, A. A. (2009): Utilização de resíduos alimentares para o desenvolvimento sustentável.Electronic Journal of Environmental, Agricultural and Food Chemistry 8(4): 263-286.

Palaniraj, A. e Jayaraman V.(2011): Produção, recuperação e aplicações de goma xantana por *Xanthomonas campestris*. J. Food Eng., 106:1-12.

Papagianni, M.;Psomas, S.K.;Batsilas, L.;Paras, S.V.;Kyriakidis, D.A.eLiakopoulou-Kyriakides, M.(2001): Produção de xantana por *Xanthomonascampestris* em culturas descontínuas. Process Biochemistry, 37: 73-80.

Papi, R.M.;Ekateriniadou, L.V.;Beletsiotis, E.;Typas, M.A. e Kyriakidis, D.A.(1999): Produção de goma xantana e etanol por *Xanthomonas campestris* e *Zymomonas mobilis* a partir de polpa de pêssego. Biotechnology Letters, 21: 39-43.

Peters, H.U.;Suh, I.S.;Schumpe, A. eDeckwer, W.D.(1993): O teor de piruvato do polissacárido de xantana produzido sob limitação de oxigénio. BiotechnolLett., 15:565-

566.

Peters, H.U.;Herbst, H.;Hesselink, P.G.M.;Lunsdorf, H.;Schumpe, A. e Deckwer, W.D.(1989): A influência da taxa de agitação na produção de xantana por *Xanthomonascampestris*. Biotecnologia e Bioengenharia, 34: 1393-1397.

Pinches, A. e Pallent, L.J.(1986): Relações de taxa e rendimento na produção de goma xantana por fermentações em lote usando meios de crescimento complexos e quimicamente definidos. Biotecnologia e Bioengenharia, 28: 1484-1496.

Psomas, S.K.; Liakopoulou-Kyriakides, M. e Kyriakidis, D.A.(2007): Estudo de otimização da produção de goma xantana utilizando a metodologia de superfície de resposta. Biochemical Engineering Journal, 35: 273-280.

Puri, V.P.(1984): Effect of crystallinity and degree of polymerization of cellulose on enzymatic saccharification. Biotechnol.Bioeng., 26: 1219-1222.

Qadeer, M.A. e Baig, S. (1989): Effect of Nitrogen Sources on the production of exocellular polysaccharide by *Xanthomonas campestris NRRL p-1459*. Sci. Int. (Lahore), 14: 262-264.

Rammelsberg, M. e Radler, F. (1990): Polipéptidos antibacterianos de espécies de *Lactobacillus*. J. Appl. Bacteriol., 69: 177-184.

Robitaille, G., Tremblay, A., Moineau, S., St-Gelais, D., Vadeboncoeur, C., & Britten, M. (2009): Iogurte sem gordura feito com uma cepa recombinante de Streptococcus thermophilus produtora de exopolissacarídeo galactose-positivo. Journal of Dairy Science, 92, 477-482.

Rodriguez, H. e Aguilar, L. (1997): Deteção *de XanthomvnascampestrisvalAwn\.'&* com aumento da produção de xantana, *J. Ind. Microbiol. Biochem.* 18(4):232-234.

Romieh, E. A., Michaelidou, A., Biliaderis, C. G., e Zerfiridis, G. K. (2002): Low-fat white-brined cheese made from bovine milk and two commercial fat mimetics: chemical, physical and sensory attributes. International Dairy Journal, 12(6), 525-540.

Rosalam, S., England, R. (2006): Review of xanthan gum production from unmodified starches by *Xanthomonas campestris sp*. Enzyme and Microbial Technology, 39: 197-207.

Rosalam, S.; Krishnaiah, D. e Bono, A. (2008): Produção de goma xantana sem células usando biorreator-membrana de leito fibroso embalado reciclado contínuo. Malaysian Journal of Microbiology, 4 (1): 1-5.

Roseiro, J.C.; Esgolhado, M.E.; AmaralCollaco, M.T. e Emery, A.N. (1992):Desenvolvimento de meios para a produção de xantana. ProcessBiochemistry,27:167-175.

Saied, E.L.; Gabr, S.A.; Hamed, A.S. e Hefnawy, H.T.M.(2002): Produção de goma xantana por *Xanthomonas campestris*. Reunião anual e exposição de alimentos - Anaheim, Califórnia.

Salah, R.B.;Chaari, K.;Besbes, S.;Ktari, N.;Blecker, C.;Deroanne, C. e Attia, H. (2010): Otimização da produção de goma xantana por subprodutos de sumo de tâmara de palma (Phoenix dactylifera L.) utilizando metodologia de superfície de resposta. Química Alimentar, 121: 627-633.

Salah, R.B.; Chaari, K.; Besbes, S.;Blecker, C.eAttia, H. (2011): Produção de goma xantana a partir de *Xanthomonas campestris* NRRL B-1459 por fermentação de subprodutos de palma de sumo de tâmara (Phoenix dactylifera L.). Jornal de Engenharia de Processos Alimentares, 34: 457^-74.

Sambrook, J.; Fritsch, E. F. e Maniatis, T. (1989): Molecular Cloning. A laboratory manual. Cold Spring Harbor Laboratory Press, Cold Spring Harbor, Nova Iorque.

Schaad, N.W.;Postnikova, E.; Lacy, G.H.;Sechler, A.;Agarkova, I.; Stromberg, P.E.; Stromberg, V.K. andVidaver, A.K. (2006):Emended classification of xanthomonad pathogens on citrus.SystAppl.Microbiol., 29(8): 690-695.

Schuerch, C., Polysaccharides, em: H.F. Mark, N. Bilkales, C.G. Overberger (Eds.)(1986): Encyclopedia of polymer science and engineering, 2nd ed., John Wiley and Sons, New York, (13): 87-162.

Shamala, T. e Sreekantiah, K. (1987): Degradação de substratos amiláceos por uma preparação enzimática bruta e utilização dos hidrolisados para fermentação láctica. Enzyme and Microbial Technology, 9(12): 726-729.

Sharma, B.R.; Naresh, L.; Dhuldhoya, N.C.; Merchant, S.U. e Merchant, U.C.(2006): Xanthan gum - a boon to food industry. Food Promotion Chronicle, 1(5): 27-30.

Shu, C.H. e Yang, S.T.(1990): Efeito da temperatura no crescimento celular e na produção de xantana em cultura descontínua de *Xanthomonas campestris*. Biotechnology and Bioengineering, 35: 454-468.

Silman, R.W. e Rogovin, P. (1970): Fermentação contínua para produzir biopolímero de xantana: investigação laboratorial. Biotechnol.Bioeng., 12:75-83.

Silva, M.F.; Fornari, R.C.G.; Mazutti, M.A.; Oliveira, D.; Padilha, F.F.; Cichoski, A.J.; Cansian, R.L.; Luccio, M.D. e Treichel, H.(2009): Produção e caraterização de goma xantana por *Xanthomonas campestris* utilizando soro de queijo como única fonte de carbono. Journal of Food Engineering, 90: 119- 123.

Sloneker, J.H. and Jeannes, A.(1962):Exocellularbacterial polisaccharide from *X. campestris* NRRL B-1459. Canadian Journal of Chemistry, 40: 2066-2071.

Soudi, M.R., Ebrahimi, M. e Panahi, S. S. (2006): Produção de goma xantana utilizando soro de leite para preparação de pré-cultura. In: Modem Multidisciplinary Applied Microbiology, Mendez-Vilas, A. (Ed.). Wiley-VCH, Weiheim, pp: 265-268.

Souw, P. e Demain, A.L.(1979): Estudos nutricionais sobre a produção de goma xantana por *Xanthomonascompestris* NRRL B1459. Applied and Environmental Microbiology, 37: 1186-1192.

Souw, P. e Demain, A.L. (1980): Papel do citrato na produção de xantana por *Xanthomonas campestris*. Journal of Fermentation Technology 58, 411-416.

Statistical Analysis System (2004): SAS user's Guide Statistical, Release 6.12 Education SAS Institute Inc., Cary, NC, USA.

Stephen, A.M., Philips, G.O. e Williams, P.A. (1995): Food polysaccharides and their applications, Taylor and Francis, London.

Stoppock, E. e Buccholz, K. (1996): Matérias-primas à base de açúcar para aplicações de fermentação. In: Roehr M, editor. Produtos do metabolismo primário. Weinheim, Nova Iorque, Basileia: VCH, 6-46.

Strahinic, I.; Cvetanovic, D.; Kojic, M.; Fira, D.; Tolinacki, M. e Topisirovvic, L.J.(2007): Caracterização e atividade microbiana do isolado natural *Lactococcuslactis* sub sp. Lactis BJSMI-19. ActaVeterinaria, 57: 609- 537.

Suh, I.S.; Schumpe, A. andDeckwer, W.D. (1992): Produção de xantana em coluna de bolhas e reactores de elevação de ar. Biotechnology and Bioengineering, 39: 85-94.

Suh, I.S.; Herbst, H.; Schumpe, A.; Deckwer, W.D.(1990): O peso molecular do polissacarídeo de xantana produzido sob limitação de oxigénio. Biotechnology Letters, 12: 201-206.

Survase, S.A.;Saudagar, P.S. e Singhal, R.S. (2007): Enhanced production of scleroglucan by *SclerotiumrolfsiiMTCC* 2156 by use of metabolic precursors, Bioresour. Technol., 98:410-415.

Sutherland I.W. (1977): Síntese de exopolissacáridos microbianos. Dim. In: Sandford PA, Laskin A, editores. Extracellular microbial polysaccharides. EUA: American Chemical Society; 1977. p. 40-57.

Sutherland, I.W.(1981):Xanthomonas polysaccharides improved methods for their comparison. Carbohydrates and Polymer 1, 107-115.

Sutherland, I.W.(1983): Extracellular polysaccharide. In: Dellweg, H. (Ed.), Biotechnology, vol. 3. VerlagChemie, Weinheim, pp. 531-575.

Sutherland I.W. (1996):Extracellular polysaccharides. In: Biotechnology, vol 6, 2nd ed., (Rehm HJ e G Reed, Eds.) VCH, Weinheim, pp. 613-657.

Sutherland, I.W. (2001): Microbial polysaccharides from Gram-negative bacteria. Institute of Cell and Molecular Biology, University of Edinburgh, Mayfield Road, Edinburgh EH9 3JH, Reino Unido. International Dairy Journal, 11: 663-674.

Szczesniak, A.; Brandt, M. e Freidman, H. (1963): Desenvolvimento de escalas de classificação padrão para parâmetros mecânicos e correlação entre as medidas objectivas e sensoriais de textura. Food Technology, 22: 50-54.

Tadayoni M, Shekh-ZeinodinM ,DokhaniSh, Salmanianzad S. (2009): Comparação de polissacáridos segregados por bactérias lácticas num iogurte tradicional, industrial e produzido em laboratório e o seu efeito nas propriedades físicas do produto. Ciência e Tecnologia da Agricultura e dos Recursos Naturais. 13 (48): 207-217.

Tait, M.I.; Sutherland, I.W. e Sturman, C. (1986): Efeito das condições de crescimento na produção, composição e viscosidade do exopolissacarídeo *de Xanthomonas campestris.* Journal of General Microbiology, 132: 1483-1492.

Tako, M. e Nakamura, S.(1984): Propriedades reológicas da xantana desacetilada em meio aquoso. Agric. Biol. Chern., 12:2987- 2993.

Tako, M. (1991): Interação sinérgica entre xantana desacilada e galactomanano. J.Carbohyd. Chem., 48:2987-2993.

Thonart, P.; Paquot, M.; Hermans, L.;Alaoui, H.ed'Ippolito, P. (1985): Produção de xantana por *Xanthomonas campestris* NRRL B-1459 e abordagem interfacial por medição do potencial zeta. Enzyme and Microbial Technology 7, 235-238.

Torrestiana-Sanchez, B.; Balderas-Luna, L.;Brito-De la Fuente, E. e Lencki, R.W.(2007): O uso de precipitação assistida por membrana para a concentração de goma xantana. Journal of Membrane Science 294, 84-92.

U?ar, G. e Balaban, M. (2004): Hidrólise de polissacarídeos com ácido sulfúrico a 77% para sacarificação quantitativa. Jornal Turco de Agricultura e Silvicultura, 27(6): 361-365.

Van Wyk, J.P.H. (2001): Os resíduos biológicos como recurso para o desenvolvimento de bioprodutos. TRENDS in Biotechnology 19 (5): 172-177.

Vauterin, L., Hoste, B., Kersters, K. e Swings, J. (1995): Reclassificação de *Xanthomonas.*Int. Int. J. Syst.Bacteriol.,45: 472-489.

Vauterin, L. e Swing, J. (1997): Are classification and phytopathological diversity compatible in Xanthomonas. Journal of Industrial Microbiology and Biotechnology, 19: 77-82.

Volikakis, P., Biliaderis, C. G., Vamakas, C., &Zerfiridias, C. K. (2004): Effects of a commercial oat-beta-glucan concentrate on the chemical, physicochemical and sensory attributes of a low-fat white brined cheese product. Food Research International, 37,83-94.

Walsh, C. D. Guinee, T. P. Harrington, D. Mehra, R. Murphy, J. e Fitzgerald, R. J. (1998): Cheesemaking, compositional and functional characteristics of low-moisture part-skim mozzarella cheese from bovine milks containing K-casein AA, AB or BB genetic variants. Journal of Dairy Research. 65, 307-315.

Wyman, C.E. e Goodman, B.J.(1993): Biotechnology for production of fuels, chemicals, and materials from biomass. Journal of Applied Biochemistry and Biotechnology, 39:39-59.

Yang, S.T.; Lo, Y.M. e Chattopadhyay, D.(1998): Produção de caldo de fermentação de xantana sem células por adsorção de células em fibras. Biotechnology Progress, 14: 259-

264.

Yang, S.T.; Lo, Y.M. e Min, D.B.(1996): Fermentação de goma xantana por *Xanthomonas campestris* imobilizada num novo bioreactor centrífugo de leito fibroso. Biotechnology Progress 12, 630-637.

Yoo, S.D. e Harcum, S.W.(1999):Produção de goma xantana a partir de resíduos de polpa de beterraba sacarina. Bioresource Technology, 70 (1): 105-109.

Zhang, Z. e Chen, H. (2010): Desempenho da fermentação e caraterísticas estruturais da xantana produzida por *Xanthomonas campestris* com uma mistura de glucose/xilose. Applied Biochemistry and Biotechnology, 160: 1653- 1663.

Zoon, P., & Idf, I. D. F. (2002): Viscosidade, suavidade e estabilidade do iogurte afectadas pela estrutura e funcionalidade do EPS. In Seminar on Aroma and Texture of Fermented Milk (Seminário sobre Aroma e Textura do Leite Fermentado) (pp. 280-289). Kolding, Dinamarca.

yes I want morebooks!

Buy your books fast and straightforward online - at one of world's fastest growing online book stores! Environmentally sound due to Print-on-Demand technologies.

Buy your books online at
www.morebooks.shop

Compre os seus livros mais rápido e diretamente na internet, em uma das livrarias on-line com o maior crescimento no mundo! Produção que protege o meio ambiente através das tecnologias de impressão sob demanda.

Compre os seus livros on-line em
www.morebooks.shop

Printed by Books on Demand GmbH, Norderstedt / Germany